高等职业教育电子商务类专业系列教材

短视频策划、制作与运营

主　编　王成志　张　苹　张　勇

副主编　薛　梅　朱世梅　赵　阳
　　　　陈开平

参　编　刘丽红　李晓影　甄　冰
　　　　李　娜　杨　雁　苏庆羽
　　　　任贤丽　彭文艳　张　娇

机械工业出版社
CHINA MACHINE PRESS

本书紧紧围绕职业教育高素质技术技能人才培养目标，以完整的企业短视频策划、制作与运营为主线，突出新媒体相关岗位职业能力与职业素质的培养，贯彻教、学、做一体化的教学理念，侧重培养学生运用所学理论知识分析、解决实际问题的能力。

本书共分为五个模块：模块一介绍了短视频的理论基础知识；模块二介绍了如何组建一支短视频团队并对账号进行定位；模块三介绍了如何进行短视频内容策划和拍摄出优秀的短视频作品；模块四介绍了短视频的剪辑与发布技巧；模块五介绍了短视频的推广与数据分析，即通过后台数据分析及优化，提升短视频的影响力。这些模块不仅涵盖了短视频运营的核心知识，还全面阐述了运营一个短视频账号的完整思路。每个模块包括若干个任务。本书还包含了15个任务工单，这也充分体现了本书工学结合的设计理念。

本书内容深入浅出，注重实操技能的培养与提升，每个模块都附有素养提升课堂、课后练习等环节，便于学生加强对岗位技能的理解和练习，使素养元素浸润入课堂教学中。

本书还配有电子课件、教案、参考答案和二维码教学视频等相关教学资源，有助于学生自学，也方便教师授课。

本书可作为高等职业院校电子商务类、市场营销类、网络营销类专业的通用教材，也可作为从事短视频运营人员的培训教材和自学读本。

图书在版编目（CIP）数据

短视频策划、制作与运营 / 王成志，张苹，张勇主编. -- 北京 : 机械工业出版社, 2025. 1. -- ISBN 978-7-111-77259-0

Ⅰ. TN94; F713. 365. 2

中国国家版本馆 CIP 数据核字第 2025J704V2 号

机械工业出版社（北京市百万庄大街22号　邮政编码100037）
策划编辑：董宇佳　胡延斌　　责任编辑：董宇佳　胡延斌
责任校对：肖　琳　张昕妍　　封面设计：王　旭
责任印制：单爱军
北京虎彩文化传播有限公司印刷
2025年2月第1版第1次印刷
184mm×260mm・12印张・222千字
标准书号：ISBN 978-7-111-77259-0
定价：49.00元（含任务工单）

电话服务
客服电话：010-88361066
　　　　　010-88379833
　　　　　010-68326294

网络服务
机　工　官　网：www.cmpbook.com
机　工　官　博：weibo.com/cmp1952
金　书　网：www.golden-book.com
机工教育服务网：www.cmpedu.com

前言

Foreword

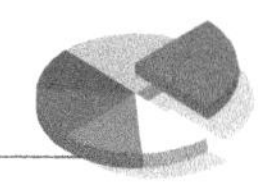

随着短视频的兴起与快速发展，人们的生活和工作越来越多地受到它的影响。短视频已成为普通人记录生活、表达自我的重要形式，观看短视频了解各类信息、下单购买商品、把生活趣事拍成短视频与他人分享等已经成为人们日常生活的一部分。短视频正成为商家展示、宣传、销售商品的重要渠道，商家也正通过分享短视频销售产品，拓宽经营渠道。短视频内容创作者通过拍摄各种类型的短视频收获粉丝关注，借助带货等方式获取经济收益。因此，“能拍会剪懂运营”的短视频人才需求也在迅猛增加。

本书紧紧围绕职业教育高素质技术技能人才培养目标，以企业短视频策划、制作与运营为主线，突出短视频各个岗位职业能力与职业素质的培养，贯彻教、学、做一体化的教学理念，系统地阐述了短视频策划、制作与运营的基本理论、内容、方法和技能。全书共分五个模块，具有如下特点。

（1）将党的二十大精神有机融入。习近平总书记指出：“高校立身之本在于立德树人。”为贯彻落实党的二十大报告中提出的“深入实施科教兴国战略、人才强国战略、创新驱动发展战略，开辟发展新领域新赛道，不断塑造发展新动能新优势”这一战略部署及赋予教育的新使命、新任务，加快推进教育高质量发展，本书编者认真研读党的二十大报告、党章及相关重要讲话精神，坚持育人的根本在于立德，加强整体设计和系统梳理，使素养元素以“春风化雨、润物无声”的形式融于书中，并增设了“素养提升课堂”版块，以充分发挥本书的铸魂育人功能，为培养德智体美劳全面发展的社会主义建设者和接班人奠定坚实基础。

（2）内容选取紧随时代、力争完整科学。本书内容紧抓短视频行业发展的脉络，将短视频运营的新方法、新技术、新规范融入其中，并将职业技能等级证书考核的内容和技能大赛的知识点有机融入。

（3）编写体例科学合理。本书推行“教学做一体化”，助力学生技能提升，每个模块开篇都设置了情境引入及学习目标，以引导学生带着任务目标和情境进入具体内容的学习，为学习指引方向。内容上以“任务＋活动”为主线，加入大量精炼贴切的案例，辅以“力学笃行”“直通职场”“德技并修”和“素养提升课堂”等版块，直观形象地对相关理论和技能加以说明，便于学生的理解。为突出“教学做一体化”的教学理念，对照各模块的重点技能目标，按照“接受工作任务—任务分析—任务实施—评价与反馈”的工作任务流程，创新性设计了“任务工单”，并单独成册，以有效推动学生的技能训练，提升学生分析、解决实际问题的能力。

（4）教学资源优质丰富。本书配有电子课件、教案、参考答案和二维码教学视频等相关教学资源，内容全面优质，讲解清晰，方便教师教学使用，提升教学效率与效果。凡选用本书作为教材的教师均可登录机械工业出版社教育服务网 http://www.cmpedu.com 下载。咨询电话：010-88379375；QQ 群：726174087。

本书由王成志、张苹、张勇担任主编，薛梅、朱世梅、赵阳、陈开平担任副主编，刘丽红、李晓影、甄冰、李娜、杨雁、苏庆羽、任贤丽、彭文艳、张娇参与编写。具体分工如下：模块一、模块二由张苹、刘丽红编写；模块三由张勇、薛梅、朱世梅编写；模块四由赵阳、陈开平、李晓影、甄冰、李娜编写；模块五由王成志、杨雁、苏庆羽、任贤丽、彭文艳、张娇编写。本书由江苏龙道数据集团有限公司提供案例及数据，由王成志负责全书的总纂、修改定稿。

在编写过程中，编者借鉴和参考了相关著作，在此谨向各位作者表示衷心的感谢。本书的出版也得到了机械工业出版社的大力支持和帮助，在此致以诚挚的谢意。

虽然本书编者通力合作，力求做到精益求精，但由于水平有限，书中难免存在纰漏或不妥之处，恳请专家、同行及读者进行批评指正，使之日臻完善。

编　者

二维码索引

（续）

序号	名称	二维码	页码	序号	名称	二维码	页码
19	添加贴纸		090	29	智能抠图		101
20	更改字幕的大小和位置		091	30	AI 商品图		102
21	短视频转场效果		094	31	AI 声音克隆		103
22	应用变声特效		095	32	制作短视频封面		104
23	制作倒放短视频		096	33	免费推广短视频		113
24	更改短视频比例		097	34	付费推广短视频		116
25	应用渐渐放大特效		098	35	短视频数据分析的含义		118
26	添加花字		098	36	短视频平台算法		119
27	AI 作图		100	37	短视频常用数据指标		122
28	AI 营销成片		100				

目录

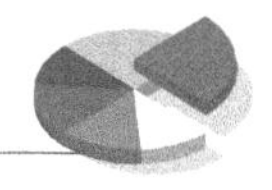

Contents

模块一　短视频基础准备

情境引入

××市艾特佳电子商务有限公司（以下简称“艾特佳电商公司”）是一家专业从事电商销售的公司，现在有意通过短视频的方式宣传企业和产品，并促使消费者直接下单购买产品。运营总监小冉对短视频领域的认识比较粗浅，对选择短视频平台也犹豫不决。现在我们就和小冉总监一起来了解短视频的发展历程、特点与优势，并熟悉常见的短视频平台，逐步明确短视频的创作流程和变现渠道吧。

学习目标

知识目标

1. 了解短视频的发展历程；
2. 掌握短视频的特点及优势；
3. 熟悉常见短视频平台的类型及特点；
4. 掌握短视频的创作流程；
5. 熟悉短视频运营的变现渠道。

技能目标

1. 能够准确把握短视频的现状及未来发展趋势；
2. 能够根据企业需求及产品特色选择合适的短视频平台；
3. 能够制定企业的短视频运营变现盈利模式。

素质目标

1. 树立担当意识，激发借助短视频为地方经济发展做贡献的社会责任感；
2. 弘扬正能量，杜绝低俗内容、虚假信息、谣言。

思维导图

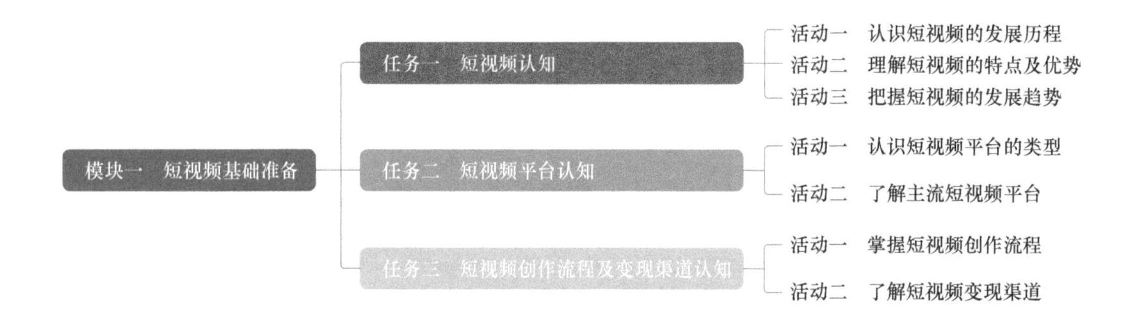

任务一　短视频认知

任务描述

以史为镜，可以知兴替。

为了能够让艾特佳电商公司在通过短视频的方式宣传企业和产品的过程中，少走弯路、少踩坑，总监小冉需要首先了解短视频的发展历程，理解短视频的特点和优势，把握短视频未来的发展趋势，然后做出入局短视频平台、开展运营的决策。

任务实施

随着移动通信技术的发展和智能手机各项功能的更新升级，拍摄和观看短视频已经成为人们日常生活中非常重要的一项活动，短视频也成为企业和商家展示、宣传、销售产品的重要渠道。人们通过观看短视频可以了解时事新闻、观看娱乐节目、下单购买产品，同时也可以将自己的生活趣事拍成短视频分享到短视频平台。另外，商家通过分享短视频销售产品，拓宽了自己的经营渠道；内容创作者通过拍摄各种类型的短视频收获粉丝关注，借助带货等方式获取经济收益。

短视频概述

短视频是一种互联网内容传播方式，通常是指在各种新媒体平台上播放的、适合在移动状态和短时休闲状态下观看的、高频推送的视频内容，时间从几秒到几分钟不等。

随着移动终端的普及和网络的提速，短视频制作门槛逐步降低，发布渠道逐渐多样化，用户可以直接在平台上分享自己的视频，以及观看、评论、点赞别人的视频，很容易在熟人间产生裂变式的传播。短视频在内容上主要包括技能分享、时尚潮流、街头采访、广告创意、旅游攻略、幽默搞怪、社会热点、公益教育、商业定制等主题。

活动一　认识短视频的发展历程

中国互联网络信息中心 2024 年 3 月发布的第 53 次《中国互联网络发展状况统计报告》数据显示，截至 2023 年 12 月，我国网络视频用户规模为 10.67 亿人，占网民整体的 97.7%。其中，短视频用户规模为 10.53 亿人，占网民整体的 96.4%。这意味着短视频已经完全进入了人们的日常生活，如图 1-1 所示。

短视频的发展历程

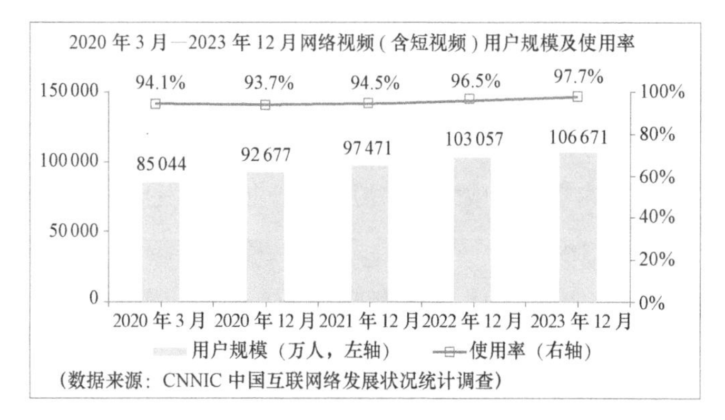

图 1-1　2020 年 3 月—2023 年 12 月网络视频（含短视频）用户规模及使用率

总体来说，短视频的发展主要经历了探索、成长、成熟、突破等几个阶段。

1. 探索阶段

短视频通常被认为是在 2011 年左右出现了萌芽，最具代表性的事件就是快手短视频平台的诞生。2011 年，北京快手科技有限公司推出“GIF 快手”软件产品，用来制作、分享 GIF 图片。2012 年 11 月，“GIF 快手”转型为短视频社区，改名为“快手”，但它一开始并没有得到特别多的关注。

随着智能手机的普及，短视频的拍摄、剪辑变得更加便捷，智能手机成为视频拍摄的利器，用户可以随时随地拍摄与制作短视频。随着网络技术的成熟，通过手机快速、随时地分享短视频已经成为现实。2013—2015 年，以美拍、腾讯微视、秒拍为代表的平台逐渐进入公众的视野，短视频逐渐被广大用户接受。现在，短视频在技术、硬件和内容创作者的支持下，已经被广大用户所熟悉，并表现出极强的社交性和移动性，一些优秀的短视频内容也提高了平台在互联网内容形式中的地位。图 1-2 所示为快手、秒拍、美拍的 logo。

图 1-2 快手、秒拍、美拍的 logo

2. 成长阶段

2016 年，短视频行业迎来井喷式爆发。各类短视频 APP 数量激增，用户的媒介使用习惯也逐渐形成，短视频平台的用户量持续攀升。2016 年 9 月，抖音上线，其最初是一个面向年轻人的音乐短视频社区，到了 2017 年，抖音进入快速发展期。而快手在 2017 年 11 月的日活跃用户数超过了 1 亿。以阿里巴巴网络技术有限公司（以下简称“阿里巴巴”）和深圳市腾讯计算机系统有限公司（以下简称“腾讯”）为首的众多互联网公司受到短视频市场巨大发展空间以及红利的吸引，加速在短视频领域的布局。

在短视频的成长期，内容价值成为支撑短视频行业持续发展的主要动力。各短视频平台投入了大量的资金支持内容创作，从源头上激发内容创作者的创作热情，用户也认识到了短视频的强大内容表现力和引流能力。在传播和分享短视频的同时，用户也创作出大量短视频，形成了短视频发展的良性循环。同时，短视频的生产模式由专业生产内容（Professionally Generated Content，PGC）转向了用户生产内容（User Generated Content，UGC），这无疑让短视频的产量剧增。同时，短视频市场开始向精细化和垂直化方向发展。

3. 成熟阶段

从 2018 年至今，短视频平台的行业竞争格局基本稳定，逐渐呈现出“三超多强”的态势：抖音、快手、视频号三大平台占据大部分市场份额；小红书、哔哩哔哩、西瓜等平台各具特色，依托自身资源，紧随其后。短视频行业开始逐渐规范并成熟起来，在各种政策和法规的规范下，短视频已经开始步入正规发展的道路。图 1-3 所示为小红书、哔哩哔哩、视频号、西瓜视频的 logo。

视频号　西瓜视频

图 1-3　小红书、哔哩哔哩、视频号、西瓜视频的 logo

自 2018 年起，短视频行业发展回归理性。各大短视频平台开始探索商业盈利模式，开发出多种变现盈利方式。例如，快手、抖音、美拍相继推出商业平台，短视频的产业链条逐步形成，商业化也成为短视频平台追逐的目标。同时，以抖音、快手为代表的短视频平台月活用户环比增长率出现了一定的下降，用户规模即将饱和，用户红利逐步减弱。如何在商业变现模式、内容审核、垂直领域、分发渠道等领域做到更加成熟，成为短视频行业发展的新目标。

力学笃行

短视频平台商业化发展概况

近年来，抖音、快手两大短视频平台不断发展新业务，丰富自身的商业模式，实现营收稳步增长。

深耕电商领域，将用户流量转化为商业价值。快手重点发展“信任电商”，通过建立主播和用户之间的信任，促进交易量增长。目前，电商业务已经成为快手商业生态的中心，是拉动业绩增长的重要引擎之一。数据显示，2023 年一季度快手总营收同比增长 19.7%，其中含电商在内的其他业务收入同比增长 51.3%。抖音则向传统电商网站靠拢，上线商城功能，方便用户通过商城入口直接搜索商品。随着用户在短视频平台购物习惯的养成，直接搜索商品更有利于促进交易和提高复购率。

布局本地生活业务，以获取新的业务增量。快手基于下沉市场的天然优势，以重点城市为切入点，一方面通过低价刺激销售转化，另一方面利用“达人探店”吸引流量，提速布局本地生活业务的速度。在一二线城市，快手本地生活业务运营已较为成熟，未来将快速推广到其他城市。抖音则以餐饮美食为切入点，逐步完善本地生活业务架构。随着业务发展，抖音陆续推出本地生活分类、吃喝玩乐榜等多元入口，结合地图定位、算法推荐的方式，吸引用户消费。目前，抖音生活服务覆盖城市已超370个，合作门店超100万家，帮助超过28万个中小商家实现营收增长。

4. 突破阶段

随着5G技术的发展和AR、VR等技术日益成熟，尤其是AI大模型在商业领域的应用逐渐普及，短视频能够为用户提供越来越好的视觉体验，并有力地促进了自身的发展。

在短视频市场的激烈竞争中，各方都在努力寻找市场发展的蓝海区域，“短视频+”的模式就备受欢迎。短视频逐渐成为企业宣传销售产品不可缺少的重要媒介，比如短视频平台积极响应国家网络扶贫政策，通过“短视频+直播”和“短视频+带货”模式售卖农副产品。其传播速度更快，能够给消费者带来更加直观、生动的购物体验，大大提升了产品销售转化率，营销效果非常好。“短视频+”的商业模式已经逐渐形成规模。

以抖音、快手为首的短视频平台开始进军社交领域，补齐用户运营闭环的最后关键一环。近年来，抖音先后尝试上线“多闪”“飞聊”等APP，并在抖音APP内部测试群聊、直播交友、连线、视频通话、同城圈子等功能，其社交属性逐渐清晰。

活动二　理解短视频的特点及优势

短视频的特点、优势及发展趋势

在日常生活中，通过手机等移动设备在短视频平台浏览大量的短视频已经成为人们重要的生活方式。短视频如此受欢迎与其自身的特点、优势，以及成熟的变现盈利模式是密不可分的。

1. 短视频的特点

（1）短。短视频，顾名思义在时长上比较“短”，视频时间一般在15秒到5分钟之间。时长压缩的同时带给用户相对于文字、图片来说更好的视觉体验，在表达方面也更加生动形象，能够将信息更真实、更生动地传达给受众。

（2）低。低是指短视频制作的成本和门槛低。短视频的拍摄、剪辑和发布可以由一个人使用一部手机完成。用户可以使用剪映等软件，轻松制作出一条内容丰富、特效足够、剪辑清晰的短视频。

（3）快。一方面，快是指短视频的内容节奏快。由于短视频时长短，所以其内容被精心提炼，使其节奏比长视频要快很多，能够在极短的时间内向用户完整地展示内容创作者的意图。另一方面，快是指短视频的传播速度快。短视频通过网络传播，在算法推荐下迅速推流给相关的受众，加上短视频平台具有社交属性，能够迅速在网络用户间传播。

（4）强。强是指用户有很强的参与性。用户作为短视频的观看者可以用点赞、转发、评论、收藏等多种方式参与到短视频中。同时，用户也可以成为短视频内容的创作者拍摄、发布短视频，短视频的发布者和观看者的身份之间没有明确的分界线。

2. 短视频的优势

与图文和音频内容相比，短视频的多媒介表现方式更加直观且具有冲击力，能展现更加生动和丰富的内容。与长视频相比，短视频节奏快，能满足用户碎片化的信息需求，而且具备极强的互动性和社交属性；与直播相比，短视频具备更强的传播性，能够实现长时间地传播和持续分享。

（1）满足移动时代碎片化的信息需求。短视频不仅符合并满足用户对于内容信息的碎片化需求，也迎合了当下用户的生活方式和思维方式。用户可以利用手机在一些碎片化、分散性的时间中接收内容信息，例如，上下班途中、排队等候的间隙等。短视频时长较短且传递的内容信息简单直观，用户不需要进行太多的思考便能够理解内容的含义。

（2）具有强大的社交属性。很多网络用户需要借助网络展示自我，以及通过网络社交来丰富个人生活。短视频极强的互动性和强大的社交属性正好可以达成以上诉求。首先，短视频的内容信息能更加生动和直观地展现出来，满足了用户充分展示自己形象的需求。其次，用户可以对他人的短视频进行点赞、评论等，进行双向的交流。部分收到点赞和评论较多的用户还有机会获得平台的推荐，从而更容易吸引其他用户的关注。

（3）具备极强的营销能力。用户对短视频内容的依赖性不断加强，大大提高了短视频平台的用户留存率。大量的用户对短视频的需求从单纯的娱乐和社交转向了购物消费，也使短视频具有了较强的营销能力。短视频比其他内容形式更直观和立体地展示了商品的卖点和特点，而且人脑处理可视化内容的速度比处理纯文字内容快很多，短视频更符合人类生理的特点和需求，因此可以让用户有更真实的感受，短视频营销也会获得更佳的推广效果。

力学笃行

小央视频

小央视频是央视网旗下的原创视频子品牌，于 2017 年 8 月上线，以短视频、移动直播为主要生产形态。依托央视网资源背景，由传统媒体成功转型为互联网媒体，以更加贴近年轻人的视角，用有趣、有料、有故事的方式解读时代。

作为央视网原创视频品牌栏目，小央视频紧跟互联网发展趋势，抓住短视频和移动直播的风口，通过高品质的产品输出、精细化的运营推广、持续性的优化升级，成为媒体融合的成功案例，为占领主流舆论阵地、传播正能量，发挥了重要作用。小央视频品牌定位精准，内容布局合理，产品制作精良，迅速取得了广泛的社会影响力和业内美誉度，成为中央广播电视总台新媒体阵营极具代表性的一支力量。

小央视频内容涵盖时事、资讯、军事、纪实、人物、文化、生活等领域，包括“习式妙语”“现场”“比划”“前线”“实励派”“正是读书时”“谁是王牌”“威虎堂”等多条视频产品线。

活动三　把握短视频的发展趋势

在短视频行业飞速发展的今天，越来越多的商家和企业意识到短视频行业所拥有的巨大商机，并迅速进入该领域，通过短视频进行各种商业营销和推广，而且取得了可观的经济效益。与此同时，大量名人和艺人也入驻各种短视频平台，使得短视频的营销价值进一步增长，很多商家和企业纷纷将短视频纳入自己的产业布局中。

由此可见，短视频已经成为互联网发展的新风口，短视频行业已经呈现出以下发展趋势。

（1）市场规模仍将维持高速增长。随着短视频行业的进一步规范，以及短视频内容质量的进一步完善，短视频的商业价值会越来越高，市场规模也将维持高速增长的态势。

（2）MCN 机构将进一步发展壮大。未来短视频行业的发展趋于成熟，竞争趋于激烈，很多短视频“达人”选择加入实力雄厚且专业的 MCN 机构，以获得更多的资源和经济收益。而 MCN 机构作为短视频的内容创作者、平台和企业广告主三者之间的桥梁，未来可能获得更有利的发展机会。

直通职场

什么是 MCN 机构

MCN，Multi-Channel Network，直译为多频道网络，俗称为网红孵化机构，是一种专门为网络视频创作者提供服务的机构。

MCN 机构通常会为网络视频创作者提供视频制作、推广、变现等方面的支持和服务，帮助创作者提升影响力和收入。MCN 机构通常会与各大视频平台合作，如哔哩哔哩、抖音、快手等，为创作者提供更广阔的发展空间和更多的变现机会。同时，MCN 机构也会为品牌提供视频营销服务，帮助品牌与创作者合作，推广品牌产品和服务。

MCN 机构作为网红经济的重要参与者，成为连接平台与网红之间的重要桥梁，在网络视频行业中扮演着重要的角色，促进了网络视频行业的发展。

（3）重心转向深度挖掘用户价值。进入成熟阶段的短视频行业，人口红利逐渐消亡，

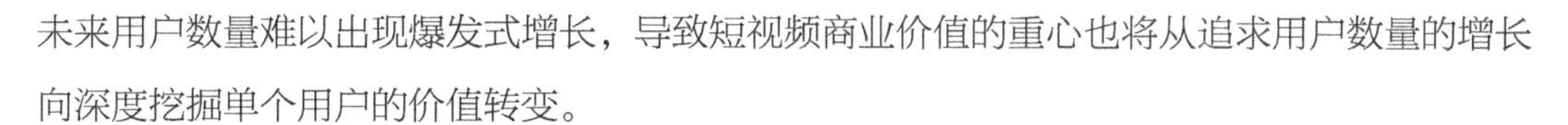

未来用户数量难以出现爆发式增长，导致短视频商业价值的重心也将从追求用户数量的增长向深度挖掘单个用户的价值转变。

（4）新兴技术将助力短视频的深化发展。5G 技术的发展和应用，以及农村互联网的进一步普及，会给短视频行业带来一波强动力。人工智能技术的应用有助于提高短视频平台的审核效率，降低运营成本，提升用户体验，推进平台的商业化进程。

任务二　短视频平台认知

任务描述

洞察危与机，择机而动；把握形与势，顺势而为。

艾特佳电商公司决定采取通过短视频的方式宣传企业和产品。总监小冉需要了解短视频平台的类型，熟悉短视频平台的特点，最终确定公司入驻的首批平台。

任务实施

活动一　认识短视频平台的类型

短视频的蓬勃发展吸引了国内互联网公司的目光，阿里、腾讯、百度、字节跳动等公司纷纷布局和加码短视频行业，带动了一大批出色的短视频平台的发展和壮大。但由于不同平台的发展理念和经营策略有很大的差别，导致各短视频平台有着自己的特点。

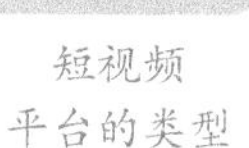

短视频平台的类型

按照短视频平台自身的功能，可以将短视频平台分为综合内容类、社交媒体类、视频网站类、电商平台类等类型。

1. 综合内容类

综合内容类短视频平台以抖音、快手和视频号等为主，这些短视频平台中的内容包罗万象，但数量最多的是用户自己创作并发布的短视频。

2. 社交媒体类

社交媒体类短视频平台以微博等为典型代表。短视频作为交流的一种媒介，在社交媒体的平台中发布，让用户直接在平台中进行交流和互动。

3. 视频网站类

爱奇艺、腾讯视频、咪咕视频等长视频网站通常也会设置短视频专区，发布和传播短视频来丰富自己的内容，并吸引更多的用户群体，从而获取更多的经济收益。

4. 电商平台类

目前主流的电商平台（如淘宝网、京东和拼多多等）都上线了专门的短视频内容频道，其内容主要以商品推广为主。而且这些电商平台都将短视频作为主流商品展示、推广方式，已经应用到电商的商品中。淘宝网首页菜单栏开辟了“逛逛”版块的一级入口，拼多多推出了“多多视频”版块的一级入口等。

5. 单一形式类

单一形式类短视频平台主要包括秒拍、美拍、梨视频和西瓜视频等，平台中所涉及的形式比较单一，用户也集中在一个或几个群体里。例如，美拍就是泛生活类的内容短视频平台，用户以女性群体为主，短视频内容以美妆、健身和穿搭等为主。

6. 垂直领域类

垂直领域类短视频平台通常是指在不同领域中的专业应用，这些应用以发布专业的短视频来获得用户的关注。例如，专门展示制作美食短视频的美食 APP、专门展示健身短视频的健身 APP、专门展示小动物短视频的宠物 APP 等。

力学笃行

最受欢迎的短视频类型

母婴育儿类：以孕妇、宝妈为主要受众，内容以怀孕和育婴的相关知识技巧应用为主，包括母婴拍摄、婴儿用品推荐、母婴育儿知识教授等。

游戏类：以游戏玩家为主要受众，内容包括游戏视频、游戏直播、游戏解说和游戏达人的日常生活等。

宠物类：以宠物爱好者为主要受众，内容包括各种宠物的日常生活、习性介绍、人宠互动、饲养技巧等。

才艺类：受众比较广泛，内容以音乐或舞蹈等才艺展示为主，包括音乐表演、音乐制作、舞蹈和舞蹈教学等。

萌娃类：受众比较广泛，内容以展示天真可爱的小孩为主，包括日常生活趣事等。

生活类：受众比较广泛，内容以展示人们的日常生活为主，包括生活探店、生活小技巧、婚礼相关内容、民间活动等。

活动二　了解主流短视频平台

了解主流短视频平台

短视频平台数量众多，其中一些主流的平台占据了相对较大的市场份额，下面具体介绍几个比较具有代表性的平台。

1. 抖音

抖音是目前短视频领域的头部平台，是短视频发布、分享的首选短视频平台之一，也是商业化体系搭建最完善的平台之一。互联网数据统计显示，截止到 2023 年 7 月，抖音日活跃人数在 7 亿以上，用户群体已经覆盖了超过 80% 的网民。

2. 快手

快手是目前短视频行业的领头羊之一，对短视频内容创作者的支持力度相对较大。互联网数据统计显示，2023 年第二季度其平均日活跃用户（DAU）达到 3.75 亿，同比增长 8.3%；平均月活跃用户（MAU）达到 6.73 亿，同比增长 14.8%。

3. 视频号

视频号是腾讯公司基于微信开发的一款短视频平台，2020 年 1 月官方微信公号正式宣布视频号开启内测。依托微信强大的用户群体，视频号已经成长为一个可以和抖音分庭抗礼的短视频巨头。互联网数据统计显示，2023 年 1 月，视频号月活跃用户数已经突破了 8 亿大关，日活跃用户数也超过了 6 亿。微信视频号不同于订阅号和服务号，它是一个全新的内容记录与创作平台，也是一个了解他人、了解世界的窗口。视频号的位置在微信的“发现”内，位于“朋友圈”的下方。

4. 好看视频

好看视频是百度旗下的一个重要的短视频平台，用户群体在地域、年龄方面的分布都比较分散，内容以泛娱乐、泛文化和泛生活短视频为主。

5. TikTok

TikTok，又称为抖音短视频国际版，是字节跳动旗下短视频社交平台，于 2017 年 5 月上线，愿景是“激发创造，带来愉悦（Inspire Creativity and Bring Joy）”。数据显示，2019年，TikTok的市场占有率超过脸书（Facebook）、推特（Twitter）等社交平台。2021年，TikTok成为全球访问量最大的互联网网站。2022年10月，TikTok全球日活跃用户数突破10亿。

任务三　短视频创作流程及变现渠道认知

任务描述

工欲善其事，必先利其器。

艾特佳电商公司经过比较，结合企业需求和产品特点，最终确定了抖音平台作为公司首先入驻的平台。总监小冉需要清楚短视频的创作流程，以便于组建一支结构合理的团队。另外作为总监，小冉还需要弄明白公司如何利用短视频平台实现商业价值，为公司带来持久的利润。

任务实施

活动一　掌握短视频创作流程

1. 短视频内容规划

短视频创作流程

近年来，短视频行业迎来爆发式增长，吸引了众多的独立创作者与机构。经过了最初的野蛮生长期，现在短视频行业的竞争更为激烈。要想在短视频行业分一杯羹，最关键的在于原创作者是否能够拿出足够吸引观众的内容。在这个属于内容红利期的时间段里，内容越来越多元化，观众对短视频内容质量的要求越来越高，短视频内容的科学规划显得尤为重要。

（1）定位精准人群。定位精准人群就是找到一群合适的受众并服务好这群人，进而形成核心竞争力。做好企业定位，精准找到受众人群，这是短视频账号运营的第一步，也是最关键的一步。是否定位好精准人群，直接决定了企业的视频播放量、涨粉速度、变现方式等。定位精准人群需要注意以下几点。

1）选择合适赛道。主要指的是选择用户群体较大而且自己擅长的、能够保证内容质量和持续性产出的赛道。

2）垂直是王道。垂直的意思是指一个账号只专注于一个领域，而不要泛泛地去做内容。

3）打造内容差异化。在市场竞争同质化非常严重的情况下，账号要想从竞争中脱颖而出，差异化就显得尤为重要。所以账号要对内容进行差异化塑造，做到“人无我有，人有我精”。

（2）规划优质内容。规划优质内容，可以通过学习对标账号、建设爆款选题库等方法进行。

对标账号就是找到一个同类目的优秀账号，作为学习的标杆。由于对标账号的粉丝画像、用户群体和自己的账号很相似，往往通过对标账号可以分析出用户粉丝对视频内容的认可度，将自己的账号与对标账号进行比较，然后深入分析，学习他们的优秀经验来改善自身不足，已达到赶超的目的。

持续、稳定地输出优质短视频内容，是对短视频内容创作者的一个最基本的要求。这就要求企业建立一个选题库，随时保持敏感的选题感应能力，平时多收集各种好的选题，并不断整理加工，为持续不断地输出内容奠定好基础。

2. 短视频拍摄制作

短视频的拍摄制作是整个创作流程的最重要部分，主要包括编写短视频脚本、拍摄短视频素材、剪辑和后期制作三个环节的工作。这些内容将在后面的模块任务中分别进行详细介绍。

力学笃行

短视频的生产方式

按照生产方式，短视频内容可以分为用户生产内容、专业用户生产内容和专业机构生产内容3种类型。

（1）用户生产内容。用户生产内容（User Generated Content，UGC）类型的短视频拍摄和制作通常比较简单，制作的专业性和成本较低，内容表达涉及日常生活的各方面且碎片化程度较高。这种短视频一般无盈利目的，商业价值较低，但具有很强的社交属性。短视频平台中大部分内容创作者初期会发布此类短视频。

（2）专业用户生产内容。专业用户生产内容（Professional User Generated Content，PUGC）类型的短视频通常是由在某一领域具有专业知识技能的用户或具有一定粉丝基础的网络“达人”或团队创作的，内容多是自主编排设计，且短视频内容主角多充满个人魅力。这种短视频有较高的商业价值，主要依靠转化粉丝流量来实现商业盈利，兼具社交属性和媒体属性。

（3）专业机构生产内容。专业机构生产内容（Partner Generated Content，PGC）类型的短视频通常由专业机构或企业创作，对制作内容的专业性和技术性要求比较高，且制作成本也较高。这种短视频主要依靠优质内容来吸引用户，具有较高的商业价值和较强的媒体属性。

3. 短视频发布与运营

短视频创作完成后，创作者要将其发布在短视频平台上。创作者需要选择合适的短视频平台，设计好合适且醒目的视频标题，选择合适的发布时间，并做好短视频的推广和营销，以提高短视频的曝光率，使其覆盖更多的受众人群，这样才能增加短视频成为爆款的可能性。这些内容也将在后面的模块任务中进行详细介绍。

活动二 了解短视频变现渠道

短视频能够吸引巨大的用户流量，能否将这些流量变现并实现商业盈利，已成为很多短视频内容创作者普遍关注的问题。经过多年的发展，短视频平台已经形成相对完善的商业体系，在保障消费者权益的基础上，也为内容创作者提供了安全、便捷的变现盈利渠道。比如抖音在内容创作中心版块中为内容创作者提供了直播、电商带货、团购带货、中视频计划、视频赞赏、音乐分成等多种形式的变现渠道，内容创作者可以选择适合自己的模式获得经济收益，如图 1-4 所示。

短视频变现渠道

图 1-4 抖音平台内容创作中心变现任务中心

短视频的变现盈利模式主要有以下几种。

1. 电商导流带货

短视频本身就具备内容信息展示丰富、感官刺激强烈以及跳转到其他链接方便等诸多适合与电商融合的优势特征，因此，短视频可以通过电商导流实现盈利。电商导流是指通过短视频引导观看用户点击自己或其他电商平台的网络店铺和商品链接，从而达到宣传或销售的目的，实现短视频的变现盈利。如图 1-5 所示，用户观看短视频时可以通过橱窗的方式被引导点击平台店铺的产品链接和下单。内容创作者可以通过交易佣金、产品差价等形式获得收入。

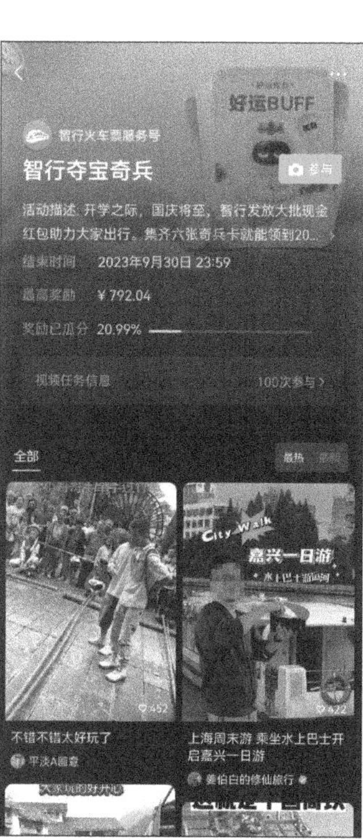

图 1-5　抖音平台短视频变现任务

2. 广告植入

广告植入是指把商品或服务的具有代表性的视听品牌符号融入短视频中，给用户留下深刻的印象，从而达到营销目的。短视频内容创作者也可以从品牌商家获得一定的经济回报，这也是短视频内容创作者的重要收入来源。广告植入又包括在短视频内容中进行品牌露出、剧情植入或口播，并提供商品链接或服务地址的植入广告，以此来满足广告主的诉求。

3. 直播带货

直播带货是目前主流的短视频变现盈利模式之一。很多的内容创作者都是通过短视频先积累一定数量的粉丝，建立一定的人设 IP 基础，然后再通过直播带货变现。在现今的短视频行业中，能够进行直播带货的主播通常是短视频“达人”和具有知名度的艺人或名人，其短视频账号的粉丝数量能达到几百万甚至上千万。直播带货其实就是借助主播在短视频平台积累的人气和信誉，通过直播的形式，以主播展示的方式给用户带来真实的商品使用体验，进而促成商品交易，获得经济收益。

4. 内容付费

内容付费是把短视频当作商品或服务，让用户通过支付费用的方式观看，从而实现短视频的商业价值。内容付费又分为 3 种主要形式：用户对喜爱的短视频内容通过赏金的方式进行资金支持的用户打赏；用户定期向短视频平台支付一定的费用，用于优先获得优质短视频内容观看权限的平台会员制付费；对单个短视频进行付费观看的内容商品付费。

此外，短视频内容创作者还可以通过完成平台给定的渠道任务或者加入平台的一些现金补贴政策等方式获取一定的收入。如图 1-6 所示，视频内容创作者可以参加抖音的中视频计划和视频号北极星计划获取收入分成。

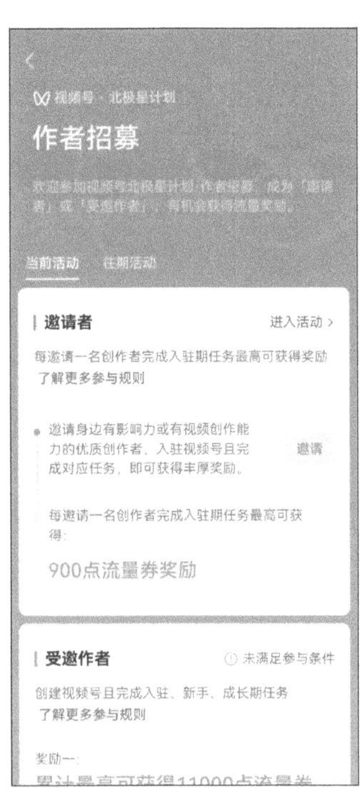

图 1-6 抖音的中视频计划和视频号北极星计划

模块总结

本模块系统介绍了短视频的基础知识，让读者可以对短视频制作、运营有了系统的认识，从短视频的发展历程、特点及优势，到短视频平台主要类型，再到短视频的创作流程和变现渠道。通过学习本模块内容能够准确把握短视频的现状及未来发展趋势，能够根据企业需求及产品特色选择合适的短视频平台，并具备制定企业的短视频运营变现盈利模式的能力。

素养提升课堂

传播正能量，弘扬主旋律——学习强国打造百灵短视频平台

党的二十大报告提出："健全网络综合治理体系，推动形成良好网络生态。"习近平总书记指出："网络空间是亿万民众共同的精神家园。网络空间天朗气清、生态良好，符合人民利益。网络空间乌烟瘴气、生态恶化，不符合人民利益。"

为贯彻落实党的二十大精神和习近平总书记的重要指示，2019 年学习强国平台在全国上线。平台是由中共中央宣传部主管，以习近平新时代中国特色社会主义思想和党的二十大精神为主要内容，立足全体党员、面向全社会的优质平台。为满足互联网用户的使用习惯和对短视频内容的需要，学习强国于 2019 年 7 月上线"百灵"短视频频道。百灵的名字取自《我爱你中国》歌词中的"百灵鸟从蓝天飞过，我爱你，中国"。

（一）"百灵"短视频介绍

"百灵"短视频频道（以下简称"百灵"）上线后，以其灵活多变、平易近人、短小精悍的视听语言特点，不仅为信息传播提供了新颖的形式，也为海量优质短视频资源聚合提供了平台。"百灵"一起步就是融媒体，开门就是大平台，这一形式实现了"我搭台，你唱戏"的效果，达到相得益彰、互利多赢、共同壮大主流舆论导向的目的。

"百灵"以普通群众，尤其是青少年为主要受众对象，要求短视频的主题能体现社会主义核心价值观，传播正能量，充满青春气息和生活趣味。目前"百灵"共分为"党史、竖、炫、窗、藏、靓、秀"等 10 个频道，涵盖了新媒体短视频的各种题材。图 1-7 所示为学习强国"百灵"短视频频道。

（1）"炫"。主要收录各行各业的时代楷模、先进典型、最美人物；反映广大青年人，特

别是在校学生青春风采、美好形象的短视频。

（2）“窗”。经典影视作品，尤其是红色题材电影、电视剧的精彩片段、剪辑；正在或即将上映的影视剧精彩片段、片花等。

图 1-7 学习强国“百灵”短视频频道

（3）“藏”。各地方博物馆、文化馆、美术馆、纪念馆的珍贵馆藏短视频，反映珍宝背后的故事；中华优秀传统文化、工艺美术、非遗传承、传统节日等视频短片。

（4）“靓”。祖国美好风光的短视频或者好山好水图片 + 配乐；各类 VR/AR 技术制作的视频产品和正能量动漫短片等。

（5）“秀”。生活小常识、科学小发明、科普知识、炫酷科技、时尚元素等方面的短视频。

（二）传播正能量，弘扬主旋律

坚持正确的舆论导向，统一标准，把严格把关落实到策划、采访、编辑、审核、签发等各个环节。对信息原创、内容发布、网络信息维护、用户反馈、审核标准和审核流程各方面都进行了严格规定。通过“百灵”这种创新的方法和手段，弘扬主旋律、传播正能量，有效引导社会舆论，自觉抵制各类有害和虚假信息的传播。

作为网络媒体社会价值的引领者，“百灵”通过丰富、优质、特色鲜明、正能量的短视频内容，不仅引导社会价值观，塑造社会共识，同时也在国际上助力塑造中国形象，传播中国声音。

（三）顺应时代发展，彰显“百灵”特色

1. 形式灵活多变，让内容更“接地气”

“百灵”发布的视频较短，展示的都是能够吸引人的内容，内容IP非常丰富，且制作简单，随时可看，极大地满足了网络用户的审美需要。所以“百灵”非常接地气，已经“飞入寻常百姓家”。

2. 夯实优势资源，增强互动性

针对网络传播移动化、可视化的发展方向，“百灵”积极创新，在可视化创作中推出了短视频、vlog、长图漫画、动图等视觉化的新内容形态；“百灵”还更注重内容价值，增强与网络受众的互动，挖掘更多的使用场景，开发媒介的属性，让用户既是传播者，也是受众，通过观看、点赞、转发、评论等，扩大短视频之间的交流和短视频的传播范围。“百灵”可以满足受众在碎片化时间内学习、观看、阅读等精神需求，也更直观地实现用户的自我表达和自我实现需求，也将音视频内容由单纯的“我说你听”“我播你看”的传播方式，向“交互式”转变。

作为立足全体党员、面向全社会的主要宣传阵地，“学习强国”持续在互联网领域发挥宣传舆论引导的作用，利用移动化、可视化的优势，结合各级地方学习平台、“强国号”、县级融媒体等网络媒体，纵深挖掘“百灵”资源，向全社会展现出“学习强国”正向精神引领的价值与影响力。

课后练习

一、选择题

1. （　　）不是短视频的特点。

A. 时间短　　B. 成本低

C. 节奏快　　D. 节奏慢

2. （　　）不是短视频的发展趋势。

A. 市场规模仍将维持高速增长　　B. MCN的作用将逐渐弱化

C. MCN将进一步发展壮大　　D. 重心转向深度挖掘用户价值

3. （　　）是短视频账号运营的第一步，也是最关键的一步。

A. 定位精准人群　　B. 选择合适赛道

C. 确定专注于一个领域　　D. 打造内容差异化

4. UGC是（ ）。

A. 专业用户生产内容　　B. 专业机构生产内容

C. 用户生产内容　　D. 媒体生产内容

二、判断题

1. 持续、稳定地输出优质短视频内容，是对短视频内容创作者的一个最基本的要求。（ ）

2. 规划优质内容，可以通过学习对标账号、建设爆款选题库等方法进行。（ ）

3. 大量的用户对短视频的需求从单纯的娱乐和社交转向了购物消费，也使短视频具有了较强的营销能力。（ ）

4. 短视频符合并满足了用户对于内容信息的完整化需求，也迎合了当下用户的生活方式和思维方式。（ ）

模块二　短视频团队组建与账号定位

情境引入

艾特佳电商公司已经认识到短视频在现代营销中的巨大潜力，运营总监小冉计划组建一支专业的短视频运营团队。团队需要结合企业的发展方向和经营策略，分析企业定位与产品信息，对公司的短视频账号进行装修，明确账号的定位，为下一步的内容策划、拍摄、运营明确方向和目标，也为公司在短视频平台上建立起强大的品牌影响力，为公司的长远发展打下坚实的基础。

学习目标

知识目标

1. 了解短视频团队组建及岗位划分；
2. 掌握短视频账号装修的基本方法；
3. 掌握短视频账号定位的基本原则；
4. 了解账号的人设定位方法。

技能目标

1. 能够根据企业的发展规划组建适当规模且分工合理的团队；
2. 能够为短视频账号设计名称、签名、头像、背景图等；
3. 能够确定账号的人设定位和内容定位。

素质目标

1. 增强创作者对法律法规及短视频平台规章的遵守意识；
2. 培养团队相互协作的职业素养、积极进取的工作态度和精益求精的工匠精神。

思维导图

任务一　团队组建及岗位划分

任务描述

单丝不成线，独木不成林。

为确保能够连续地输出有价值的短视频内容，艾特佳电商公司总监小冉正致力于打造一支卓越的短视频制作团队。小冉通过明确岗位分工与职责、构建合理的工作流程，提升团队的工作效率。团队的紧密合作不仅能够提升用户的短视频观看体验，还能够提高用户的忠诚度，为公司带来广阔的市场知名度和丰厚的经济效益。

任务实施

活动一　短视频团队组建

短视频团队组建

越是专业的短视频运营团队，分工就越精细，每部分的工作都应由专人负责。短视频创作者要了解团队成员的构成，根据实际工作需要确定团队人员配置。

1. 短视频运营团队人员构成

首先，整个团队要有一个总领导，即编导，编导是短视频创作团队中的最高指挥官。其次，其余人员的工作要根据短视频的内容来进行安排。在编导之下，需要有执行人员，包括摄影师、剪辑师、演员等人员。团队中能力较强的人员可以身兼数职，能有效地缩减预算。如果对短视频的内容要求较高或者资金比较充足的情况下，则可以增加相应数量的团队人员。

一般来说，短视频团队可以包含以下人员：

（1）编导 / 导演。编导 / 导演是短视频作品的总负责人，负责人员的组织、工作的协调、短视频作品的质量把控等。

（2）编剧 / 策划。编剧 / 策划主要工作是进行短视频剧本的创作，负责内容的选题与策划，以及人设的打造。

（3）演员。演员根据剧本进行表演，表演包括唱歌、跳舞等才艺表演，或根据剧情、人物特色进行演绎等。

（4）摄像师。摄像师要按剧本要求完成短视频的拍摄工作。

（5）剪辑师。剪辑师主要负责对短视频画面素材和声音素材进行筛选、整理、剪辑，将原本分割的素材进行合成，形成一个完整的短视频作品。

（6）运营人员。运营人员负责短视频账号的日常运营与推广，包括账号信息的维护与更新、短视频的发布、与用户互动、数据收集与跟踪、短视频的推广、账号的广告投放等。

短视频内容制作团队对后期剪辑的要求比较高，还可以再增加一名剪辑师共同完善拍摄成果。

力学笃行

抖音火爆视频的幕后团队

抖音上有一支火爆的舞蹈视频，名为《舞林争霸》，获得了数百万的点赞和分享。当然，优秀的成绩离不开团队的协调合作。

导演：负责视频的整体构思和策划。他与编剧一起，确定了视频的舞蹈主题和节奏，设计了独特的舞蹈动作和镜头切换。

编剧：负责剧本的撰写和故事情节的设计。编剧与导演密切合作，确保视频内容紧凑有趣，符合受众喜好。

舞蹈演员：负责在视频中进行舞蹈表演。他们需要通过反复排练和调整，确保舞蹈动作的精准和协调，为视频增添视觉享受。

摄影师：负责视频拍摄和场景布置。摄影师根据导演和编剧的要求，选择合适的拍摄场地、角度和灯光，确保画面质量清晰、色彩鲜明。

剪辑师：负责视频后期制作和剪辑。剪辑师将拍摄的素材进行剪辑、调色、添加特效等处理，使视频更加生动和富有节奏感。

运营人员：负责视频的发布、推广和互动。他们选择合适的发布时间和平台，与粉丝互动，增加视频的曝光度和传播范围。

通过团队协作，这支视频才得以制作成功并获得广泛赞誉。每名团队成员发挥自己的专长，相互紧密合作，为视频的成功创作贡献力量。这个案例说明了在短视频创作过程中，团队协作是必不可少的。通过有效的分工合作、密切沟通和共同努力，才能创作出更具创意和影响力的短视频作品，实现最终的成功和共赢。

2. 确定团队人员配置规模

了解短视频制作团队需要哪些人员后，接下来就要明确短视频内容制作团队的人员配置与分工，这对于一个刚刚组建的短视频制作团队来说非常重要。清晰明确的人员配置与分工一方面可以让团队成员各司其职，发挥才能，快速地投入到工作中，高效解决问题和产出成果；另一方面能防止出现工作推诿的情况，一旦短视频制作过程中出现什么问题，可以立即与负责这部分工作的人员沟通。所以，明确团队的人员配置与分工是保证工作稳定进行、增强团队凝聚力的重要保证。一般来说，短视频制作团队的人员配置与分工有以下三种情况。

（1）1 人配置，单人成团。1 人承包所有的内容制作工作。有的短视频制作团队因经济受限等各种因素的影响自成团队。一个人包揽策划、拍摄、演绎、剪辑等全部工作，这种情况工作量很大，且制作时间成本较高，相对而言短视频整体质量较为一般。

（2）3 ～ 5 人团队。根据实践经验，一支规模较小的短视频团队通常需要 3 ～ 5 人。以 3 人配置为例，具体分配为：

编导 / 导演、编剧、运营人员的工作由 1 人负责；

摄像师、剪辑师的工作由 1 人负责；

演员的工作由 1 人负责。

一般这种人员配置就可以完成不同类型短视频的制作与推广。

（3）5 人以上团队。5 人以上配置的团队，人员比较充足，发展的空间和可能性更大。短视频创作团队可以根据业务的需求、团队人员的实际情况等因素从深度专业化的内容生产

或宽度多账号短视频矩阵化运营上寻求发展。

一般来说，对于一个标准的、处于起步阶段的短视频内容制作团队来说，至少要配备编导、摄像师、剪辑师各 1 名。在完善阶段，短视频内容制作需要编导 / 导演、编剧、剪辑师、摄影师、后期、演员等人员。

直通职场

视频创推员

视频创推员是互联网营销师职业的一个工种，分为五级 / 初级工、四级 / 中级工、三级 / 高级工、二级 / 技师、一级 / 高级技师五个等级。该工种是 2020 年 7 月由人社部联合国家市场监管总局、国家统计局发布的新职业。

视频创推员主要是做以下工作：

（1）视频创作及推广：为后续的直播销售、线下引流充分预热和赋能。

（2）用户互动：通过发布视频，引发观众兴趣，与观众进行互动，增强用户黏性和活跃度。

此外，视频创推员的岗位职责还包括制订视频创作方案和策略，负责视频的脚本编写、拍摄、剪辑和后期制作等工作，并在各个社交媒体平台上发布和管理视频内容，同时监测视频的观看量、互动率和转化率等指标，对视频表现进行分析和优化等。

活动二　短视频团队岗位划分

短视频团队岗位一般包括编导 / 策划、视频拍摄、视频剪辑、运营推广等。每个岗位都有相应的职责与任职要求，见表 2-1。

表 2-1　团队岗位划分

岗位名称	岗位职责	任职要求
编导 / 策划岗位	1. 负责视频团队的日常管理，输出高质量视频，对结果负责 2. 负责公司短视频账号的内容方向策划，结合账号调性和受众人群需求，独立完成脚本撰写、制订拍摄计划，组织并进行拍摄 3. 负责拍摄现场的调度与控制；跟进指导视频后期制作、剪辑调色和音乐特效等，确保内容出片质量 4. 数据导向，根据数据反馈，及时复盘优化内容	1. 熟悉短视频制作流程，善于捕捉热点，独立完成脚本创作 2. 有审美，有网感，有创意，思维活跃 3. 具备较强的沟通力和团队协作力，执行能力强

（续）

岗位名称	岗位职责	任职要求
视频拍摄岗位	1. 负责新媒体短视频的录制拍摄工作 2. 负责把控短视频现场拍摄质量 3. 负责和团队一起优化短视频的拍摄形式 4. 负责摄影、摄像器材的管理、维护工作	1. 能熟练使用单反、摄像机等摄影器材 2. 能独立处理拍摄相关的布景、灯光及辅助设备 3. 懂得设备保养知识，能适应各种拍摄条件，可独立完成拍摄 4. 能把控好视频的节奏与风格，能配合编导产出优质内容
视频剪辑岗位	1. 根据编导的要求，结合脚本，按需求对视频做剪辑、包装处理，并按要求做出相应修改 2. 负责把握剪辑节奏，包括剪辑、画面包装、调色、声音处理、添加背景音乐、字幕特效合成等	1. 熟练掌握剪映、PR 等剪辑软件 2. 懂创意和分镜，镜头感、音乐、色彩、设计等方面审美好
运营推广岗位	1. 对各项运营指标进行分析和总结，制定合理的运营目标及计划 2. 负责短视频 / 直播平台、微博、微信等内容运营及线上、线下活动运营 3. 对运营活动整体把控、推进，效果进行总结优化 4. 负责对短视频内容运营的效果数据分析及反馈优化 5. 内容的全网分发	1. 熟悉各类社交媒体平台（如微博、微信、抖音、快手等）的运营规则和算法，熟练掌握数据分析工具 2. 能够通过数据分析来指导运营决策，优化推广策略，提高转化率和用户参与度 3. 面对运营中的问题，能够迅速找到解决方案，有较强的应变能力

以上是短视频团队的一些基本岗位要求，具体工作内容和技能要求可能会根据团队规模和业务需求有所不同。

任务二　短视频账号装修

任务描述

协调一致，相得益彰。

短视频账号装修的主要目的是使账号主页各个元素和谐统一，使账号主页更加美观，更富有观赏性，从而形成账号独有的标签，给人一种不一样的体验，让用户对账号留下深刻印象。

任务实施

活动一　账号名称与签名设计

短视频账号装修

1. 账号名称设计

在短视频平台的海量内容中，一个简单且易于记忆的账号名称对于提升用户黏性和品牌推广至关重要。一个优秀的账号名称不仅能让用户记住，还能让用户在初次接触账号时即产生熟悉感，从而有助于账号在激烈的竞争中脱颖而出。

为了实现这一目标，短视频账号运营者在命名时应遵循以下原则：

（1）简洁性原则。账号名称应避免使用生僻词汇、复杂发音的词语和拼写繁复的字词。简洁的名字能够降低用户的认知负担，提高记忆效率，例如“诺诺”“朵朵”“萌萌”等。

（2）创意与联想性原则。一个富有创意且能引发用户联想的账号名称，往往能在众多的短视频账号中脱颖而出。通过谐音、隐喻等方式命名，既增加了名字的新颖性，又提升了记忆点。例如，好物种草类账号“信口开盒”以及“洋葱”旗下的“七舅脑爷”，这些名字既富有创意，又易于记忆。

（3）领域相关性原则。账号名称应体现其所在领域或主题，以便用户快速识别和关联。在命名时，可以巧妙地融入垂直领域的关键词。例如，好物推荐类短视频账号可以选择“好物推荐”“种草好物”或“居家好物”等名称；护肤类短视频账号则可以选择“每日护肤”“护肤小百科”或“护肤日记”等名称。这样的命名方式既符合简单好记的要求，又能有效体现账号的领域特色，为后期的品牌推广和内容植入奠定坚实基础。

力学笃行

六种账号名称设置方法见表 2-2。

表 2-2　六种账号名称设置方法

01 用真名或昵称（拉近距离）	02 兴趣＋昵称（卡住账号定位）	03 专业岗位＋昵称（体现专业性）
@房琪 kiki @李子柒 @田小野 @祝晓晗 @陈诗远	@虎哥说车 @摄影师子何学长 @程序员小林 @热巴说数码 @创业找崔磊	@耳鼻喉于大夫 @主持人小婧 @装修高老师 @急诊科胡医生 @彭老师数学

（续）

04 产品品牌＋昵称（提升个人曝光）	05 社群 / 店铺 / 栏目名称＋昵称（体现专业性）	06 自由取名（提升个人曝光）
@思珀设计 - 小贝 @秋叶 Word @ Excel 之光 – 大毛 @山竹 WPS 表格教学 @ Word 之光 – 海宝	@大宝的男装店 @小悦老师点歌台 @考研英语刘晓艳 @宠物研究 Z 所长 @多多妈的小厨房	@网不红萌叔 Joey @超乐观小黄 @纯情阿伟 @春风社扛把子 @朱一旦的枯燥生活

2. 账号签名设计

构建完整的短视频账号形象时，个性化签名是不可忽视的一环。它不仅能够向用户传达账号的核心价值和内容定位，还能展现短视频运营者的个性和态度。特别是在用户对短视频内容不甚了解的情况下，一个精准而吸引人的个性化签名能够迅速抓住用户的注意力，提升账号的吸引力和认知度。

设计个性化签名时，短视频运营者应注重突出 2 ～ 3 个核心特点，并用简洁明了的一句话进行表述。以下是个性化签名的三种常见形式及其设计原则：

（1）身份标识型签名。此类签名通过一句话来介绍运营者的身份或角色，通常采用形容词＋名词的句式结构。例如，“papi 酱”的签名“一个集美貌与才华于一身的女子”以及“刘老师说电影”的签名“我是知识嗷嗷丰富，嗓音贼啦炫酷，光一个背影往那一杵就能吸引粉丝无数的刘老师”，都成功地塑造了博主的鲜明形象。

（2）内容技能型签名。这类签名侧重于展示运营者在特定领域内的专业能力和可以提供的内容。例如，“热爱编程，专注于软件开发，为用户创造价值”“善于发现美食，分享烹饪技巧，让味蕾跳舞”。

（3）理念态度型签名。此类签名通过金句或走心的句子来展现运营者的内心态度和理念，与用户产生情感共鸣。例如，“一条”的签名“所有未在美中度过的生活，都是被浪费了”就深刻地表达了其对生活美学的追求和态度。

需要注意的是，为了保持账号的一致性和识别度，一旦确定了个性化签名，就应在各个短视频平台上保持一致，避免随意更改。这样做有助于用户在多平台间快速识别并关注账号，从而扩大账号的影响力和粉丝基础。图 2-1 所示为账号基础信息设置。

图 2-1　账号基础信息设置

活动二　账号头像与背景图设计

1. 账号头像设计

在短视频平台上，头像是用户识别和记忆账号的重要标识。当用户访问一个短视频账号时，头像往往是他们首先关注的焦点。因此，对于短视频运营者来说，选择一个符合直观性和清晰性原则的头像至关重要。

一般来说，短视频账号头像的选取可以遵循以下几种形式：

（1）真人头像。特别是在如抖音这样的短视频应用平台中，许多网红倾向于使用真人照片作为账号头像。这种做法有助于建立个人品牌形象，并增强与观众的亲近感。

（2）与垂直领域相关的头像。这类头像直观地传达了账号的内容方向和定位。它们通常分为四种形式：

1）图文 LOGO（标识）头像。使用图文标识作为头像可以明确地展示短视频的内容方向，有助于巩固和强化品牌形象。

2）动画角色头像。如果短视频内容围绕某个特定的动画角色展开，使用该角色作为头像有助于加深观众对角色的印象。例如，“一禅小和尚”的头像就成功地强化了其角色形象。

3）账号名作为头像。将账号名直接作为头像使用，可以为用户创造一致性的品牌印象，从而加强品牌认知度。例如，好物种草类账号“头条科技”就采用了这种策略。

4）卡通头像。选取与账号内容方向相符的卡通形象作为头像，可以为用户传达一种活泼、俏皮或搞怪的形象，增加账号的趣味性和吸引力。

短视频运营者在选择头像时，应注重直观性和清晰性原则，以确保头像能够有效地传达账号的品牌形象和内容方向。

2. 账号背景图设计

当用户访问短视频账号页面时，首先映入眼帘的便是背景图。作为账号主页最显眼的部分，背景图在引导用户关注、深化品牌形象以及提升用户黏性方面扮演着至关重要的角色。因此，短视频运营者在设计背景图时，应遵循以下原则：

（1）引导关注。背景图应巧妙地运用特色图案或引人入胜的文字，为用户提供心理暗示，从而引导其关注账号。例如，可以使用诸如“戳这里，发现更多精彩！”“别错过，与优秀创作者相遇！”“加入我们，共享精彩时刻！”等富有吸引力的语句。这些语句能够激发用户的好奇心，促使他们关注账号。

（2）风格统一与美观辨识。背景图的设计应与头像颜色、账号主体风格保持统一，以确保整体视觉效果的协调性和一致性。同时，背景图还应具备美观性和辨识度，以便在海量内容中脱颖而出。以“软软大测评”为例，其背景图设计堪称典范。背景图颜色与账号色调和谐统一，萌萌的化学试剂卡通图案与账号头像相呼应，形成了独特的品牌风格。此外，“点赞评论加转发，软软让创作者乐哈哈”和“关注一下咯”等文字则巧妙地引导用户互动和关注。图 2-2 所示为账号头像与背景图设置。

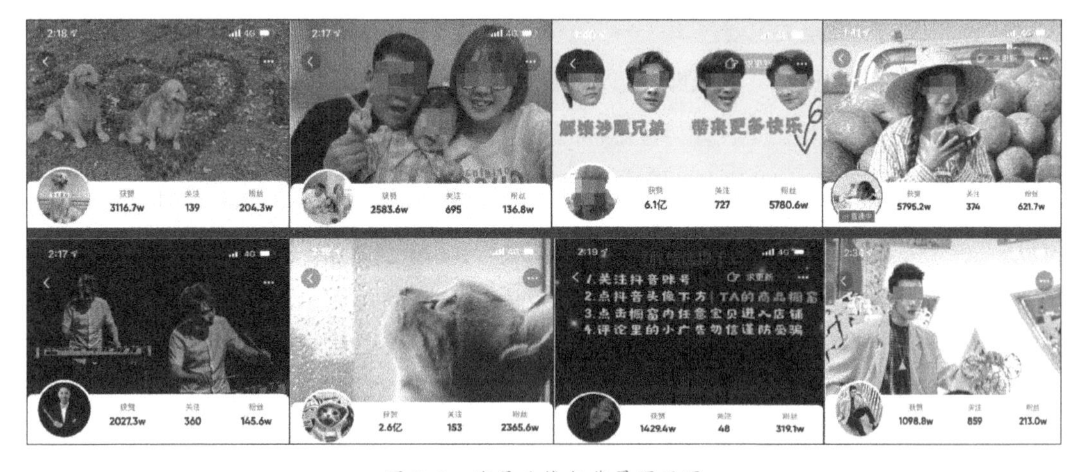

图 2-2 账号头像与背景图设置

（3）信息布局。鉴于背景图在展示时可能会被自动压缩，短视频运营者应将重要信息置于中央偏上的位置，以确保用户在不滚动屏幕的情况下也能快速捕捉到关键信息。这一布局策略有助于提升信息的传达效率和用户的浏览体验。

短视频运营者在设计背景图时，应注重引导关注、风格统一与美观辨识以及信息布局等原则，以打造出既吸引人又具有品牌特色的背景图。

任务三　短视频账号定位

任务描述

慎思之，以定位为轴，立当下而笃行。

账号定位对于短视频创作者至关重要。一个准确的账号定位可以帮助创作者明确目标受众群体，制定相应的内容策略，提高涨粉速度，实现转化和变现。同时，良好的账号定位还有助于增加账号的曝光度和吸引力，提升账号的影响力和品牌价值。通过合适的定位，创作者可以更好地吸引和留住受众，实现账号的持续发展。

任务实施

活动一　账号整体定位

短视频定位

短视频账号定位是指在短视频领域中明确自己的方向和目标，了解自己擅长做什么类型的短视频，并在此基础上打造自己的特色。定位可以帮助短视频运营者避免盲目发布，降低风险、减少浪费，同时也能增加曝光度和互动度，有助于取得更好的成绩。因此，做好短视频账号定位是至关重要的。

1. 短视频账号定位原则

短视频账号定位要遵循以下几个原则：

（1）垂直原则。为了增强账号的专业性和用户黏性，需要坚持一个账号专注于一个特定领域的原则。这就要求对用户群体进行细致的分类，确保内容既垂直又专业。广泛撒网、浅尝辄止的内容发布方式不仅难以吸引用户，更可能导致用户流失。必须明确的是，只有深入挖掘某一领域的用户需求，提供精准、有价值的内容，才能真正赢得用户的认可和支持。因此，应以专注和专业为核心，持续提供符合用户期望的优质内容。

（2）价值原则。用户倾向于关注和信赖那些具有实际价值的内容与账号，这些价值可以表现在视觉美感、娱乐体验、知识获取等多个方面。只有当内容或账号在以上某个或多个方面表现出色，用户才会产生兴趣并进行互动。因此，为了吸引和留住用户，内容创作者和账号运营者需要不断提升内容的质量和价值，以满足用户的多元化需求。

（3）深度原则。深度意味着在确定一个特定方向后，持续并专注地沿着该方向进行深入研究与发展。创作者的目标应当是挖掘出更深层次、更具价值的内容以供用户观看，而非仅局限于浅显、低俗、缺乏创新性的内容。创作者必须致力于为用户带来实质性的价值，而非仅仅满足用户表面的需求。

（4）差异原则。在纷繁复杂的网络世界中，要使自身账号脱颖而出，受到用户的青睐与关注，必须塑造并凸显出鲜明的个性差异。这种差异可以源自内容领域的精准定位，也可以源自 IP 或人物设定的独特魅力，或源于内容组织、叙述手法、展示环境、拍摄技巧乃至视觉效果的匠心独运。尽管实现显著差异需要付出相当的努力与挑战，但创作者可以从细微之处起步，逐步打磨并扩大这些差异点，使自身的账号在竞争激烈的市场中更具辨识度和吸引力。

（5）持续原则。面对互联网领域的激烈竞争，每个账号都需面临多重挑战。这种竞争不仅涉及内容的质量，更延伸至内容更新的频率与稳定性。对于平台和用户而言，一个能持续稳定提供内容的账号更值得信赖与关注。

当账号权重因稳定更新而提升时，将更容易被平台推荐给用户，从而吸引更多的关注和互动。同时，持续稳定的更新还能够加强用户的黏性，使其更愿意与账号保持长期的互动关系。因此，创作者必须深刻理解持续性和稳定性的核心意义，并将其融入账号运营的每一个环节。无论是内容的策划、制作，还是发布，都应保持高度的专注和一致性，确保账号能够持续为用户提供有价值的信息和服务。唯有如此，才能在激烈的竞争中脱颖而出，实现长期的成功与发展。

例如短视频账号“毒舌电影”的定位是以毒舌、犀利点评电影的自媒体。该账号以独特的风格和角度对各类电影进行评价，不拘泥于传统影评的框架，常常以一种麻辣、直接甚至带有讽刺意味的口吻来表达观点，这种风格在网络上迅速吸引了一大批粉丝。图 2-3 所示为短视频账号“毒舌电影”主页。

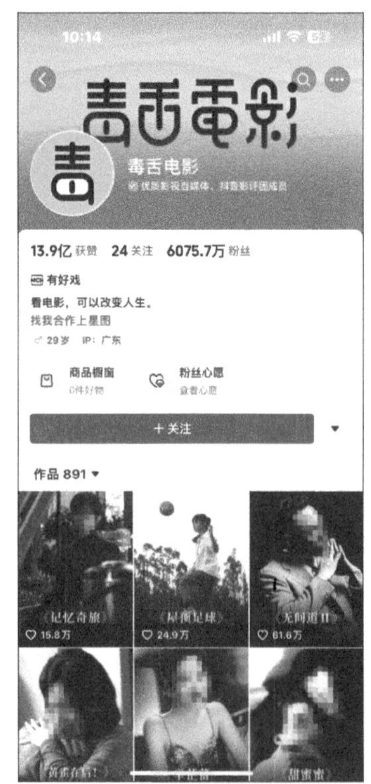

图 2-3 短视频账号“毒舌电影”主页

2. 短视频账号定位方法

短视频账号定位可以采用正向定位、反向定位、产品定位和平台定位等策略。

（1）正向定位。通过正向定位，将短视频账号定位在特定的细分领域或目标受众群体中。例如，将账号定位在美妆教程、健身训练、旅行探险等特定领域，并提供相关领域的精彩内容，以吸引和满足目标受众的需求。

（2）反向定位。通过反向定位，将短视频账号与市场中主流内容进行区别，以吸引那些追求与众不同、新鲜感的受众。例如，可以推出大胆创新、突破常规的内容，与传统的短视频账号区分开来，吸引特定类型的受众。

（3）产品定位。通过产品定位，确定短视频账号的差异化特点和优势，以满足目标受众的需求和期望。例如，确定特定的内容风格、创作方式或者提供特定的互动功能，与其他竞争对手的短视频内容有所区别。

（4）平台定位。根据不同的短视频平台特点进行定位，例如抖音是一款以短视频为主打的社交平台，用户可以通过拍摄和分享短视频的方式展示自己的生活、兴趣和才艺。小红书的定位是友善和平静的社区氛围，以及重视个体和注重信息价值。小红书的内容涉及美食、时尚、旅游等多个领域，影响着用户的观念和线下生活方式。

以上定位策略可根据市场调研、目标受众需求和竞争分析来制定和实施，从而建立短视频账号的差异化和竞争优势，并吸引和保持目标受众的关注和互动。图 2-4 所示为账号定位方法。

正向定位	你是谁、优势、特长、兴趣、爱好
反向定位	想吸引什么粉丝，用户喜欢什么内容
产品定位	你的产品是什么，想要卖什么商品
平台定位	记 录 美 好 生 活

图 2-4　账号定位方法

活动二　账号人设定位

在构建短视频账号时，至关重要的环节是确立明确的人设定位。一个清晰、独特的人设定位不仅有助于观众理解账号的视频内容及其价值，还能吸引目标受众，进而将其转化为忠实粉丝，实现流量的有效转化。那么，如何精准地设定短视频账号的人设定位呢？以下是短视频账号人设定位的几个核心要素。

1. 理念重塑

短视频作为一种新兴的媒介形式，以其独特的信息传递方式和情感连接能力，在现代社会中占据了重要位置。为了实现短视频内容的有效传播和观众的情感共鸣，创作者在创作之初就必须进行清晰的人设标签设定与账号定位规划。这是确保向目标用户群体精准传达独特理念的基础工作。

在进行人设构建时，创作者应首先明确自己想要展现给公众的形象特征。它可以是一种积极向上的生活态度，也可以是某一专业领域的权威形象。确立了自己在公众心目中的角色定位后，创作者方能以此为依据，开展有针对性的内容策划与创作工作。

此外，深入了解目标用户群体同样至关重要。这包括对用户的基本属性如年龄、兴趣、职业等进行细致分析，以及洞察他们的深层次需求和消费痛点。只有对用户有了全面深入的理解，创作者才能创作出既符合用户口味又能有效触达用户心灵的内容。

在明确了人设标签和目标用户之后，接下来的关键步骤是将个人的核心理念巧妙地融入短视频内容之中。这需要创作者在策划和制作过程中，始终围绕自己的核心价值进行创作，确保每一条产出的短视频都能成为传达个人理念的有力载体。

人设标签的明确与账号定位的精准是构建成功短视频账号的基石。只有在这一基础上，创作者才能创作出既具有吸引力又具有影响力的优质内容，进而与观众建立起持久而深厚的情感纽带。

2. 形象与个性的记忆点设计

在短视频创作中，人设的构建是至关重要的，其首要表现形式便是人物的形象与个性。用户在观看短视频时，首先通过人物的形象和个性来形成对人物的初步认知。因此，创作者在塑造人设时，需精心设计形象与个性的记忆点。

在形象方面，创作者应注重展现人物的个性特征、面部特点以及穿着风格等。这些元素共同构成人物在观众心目中的第一印象，也是形成记忆点的重要基础。例如，通过独特的发型、标志性的服饰或特定的面部特征等，可以使人物形象更加鲜明、易于辨识。

在个性方面，创作者应通过人物的言行举止来展现其内心世界和性格特点。例如甜美的笑容可以表现人物的温柔可爱气质，而冷酷的表情则能表现人物的高冷气质。此外，还可以通过特定的动作、口头禅或行为习惯等来进一步强化人物的个性特征，使用户在短时间内就能对人物形成深刻的印象。

形象和个性的记忆点设计是短视频人设构建中的关键环节。创作者应充分了解目标受众的审美偏好和情感需求，结合人物的特点和创作主题，精心打造具有独特魅力和吸引力的人设形象。

3. 账号内容与自身兴趣爱好的契合

在进行短视频的人设定位时，创作者应优先选择那些与自身兴趣爱好相契合的方向。这样不仅能更真实地反映创作者的日常性格和生活状态，也有助于激发创作者的热情和创造力。

例如，如果创作者平时热爱烹饪并擅长制作美食，那么在短视频的人设定位上，可以考虑塑造一个“美丽俏厨娘”的形象。同样地，如果创作者饲养了宠物并对宠物充满爱心，那么“爱宠人设”将是一个合适的选择。

将账号内容与自身兴趣爱好相结合，有助于创作者在短视频领域中形成独特而鲜明的人设。这样的人设不仅能吸引更多志同道合的观众，也能为创作者带来更加愉悦和富有成就感的创作体验。

4. 满足用户需求

在短视频创作过程中，确立一个符合用户需求的人设是至关重要的。创作者必须明确自己账号的人设能够满足用众的哪些需求，以及能为他们提供何种价值。因为用众在选择关注的账号时，往往会倾向于那些能为自己带来实际价值或满足某种需求的账号。

因此，在确定人设时，创作者应进行深入的市场调研，了解目标受众的需求和偏好。只有明确了这些需求，创作者才能有针对性地塑造出符合大众口味的人设，进而吸引更多的关注和粉丝。同时，创作者还应不断提升自己的专业素养和创作能力，确保能持续为公众提供高质量、有价值的内容，从而维护好人设的形象和口碑。

活动三 账号内容定位

短视频内容的创作领域有很多，如美妆护肤、影视、娱乐、音乐、搞笑、美食等，如何做好短视频内容定位？可以从以下几个方面进行打造。

1. 短视频内容定位方向

（1）基于垂直细分领域的选择与输出。在短视频内容策划中，选择垂直细分的领域或产品至关重要。这种策略有助于更精确地锁定目标用户群体，使内容输出更具针对性和可操作性。当面临多个产品和业务线时，创作者应首先进行细致的市场细分，挑选出其中一个具有潜力的细分领域，围绕其展开内容创作，见表 2-3。

表 2-3　短视频内容分类

分类标准	创作类型
作品	剧情演绎、财经、二次元、健身、居家、科技、科普、旅游、美食、萌宠、明星八卦、汽车、亲子、人文社科、三农、时尚、游戏、时政、社会随拍、体育、舞蹈、校园教育、休闲影视、音乐、颜值、医疗健康、综艺、个人管理
带货类型	服饰鞋帽、食品饮料、美妆护肤、珠宝文玩、家居生活、母婴用品、个护家清、礼品箱包、运动户外、3C 数码、钟表配饰、家用电器、图书音像、医疗保健、教育培训、家装建材、玩具乐器、农资绿植、办公文具、生活服务、汽车汽配、宠物生活

以房地产销售为例，可以系统地梳理所销售的房产类型，通过分析销售数据，确定自己最擅长销售且销量最佳的房产类型，如别墅、大平层等。随后，以此类房产为核心，进行短视频内容的定位与创作。

采用垂直细分产品进行短视频内容输出的策略，不仅能有效减少市场竞争，还能提升内容在搜索引擎中的可见度。高度专业化的内容往往更易获得搜索引擎的青睐，从而吸引更多潜在用户的关注和互动。

在短视频的创作与推广过程中，选择细分或差异化的人群作为目标受众，往往能够为创作者带来独特的机会。这一策略的核心在于为不同的人群提供定制化的内容和方案，以满足他们各自独特的需求和兴趣。

（2）人群细分。首先，人群细分是一种有效的策略。每个细分人群都有其独特的需求和偏好，因此，为他们提供定制化的内容至关重要。以美妆领域为例，20 ～ 30 岁的女性可能更关注时尚潮流和年轻活力的妆容，而 30 ～ 40 岁的女性则可能更注重抗衰老和肌肤保养。通过深入了解每个细分人群的特点和需求，创作者能够创作出更加精准和吸引人的内容。

其次，人群差异化也是一种值得探索的策略。通过挖掘和突出不同人群之间的差异性，创作者可以创造出全新的概念和市场定位。这种策略要求创作者具备敏锐的市场洞察力和创新能力，能够发现并抓住不同人群之间的细微差别，从而为他们提供独特且有价值的内容。

人群细分是短视频创作中的重要策略。通过深入了解目标受众的特点和需求，创作者能够为他们提供更加精准、有吸引力和有价值的内容，从而在激烈的竞争中脱颖而出。

（3）发掘并深耕最擅长的领域。在短视频内容策划中，一个关键的原则是专注于自己最擅长的领域，并在这个领域中追求卓越，力求专精。这意味着创作者首先需要自我审视，找到自己最擅长或最具优势的内容领域，其次针对这个领域进行深入的研究和持续的创作。

以装修行业为例，如果创作者在这个领域中特别擅长小户型装修，那么就应该将小户型装修作为短视频内容的主要输出方向。通过分享专业的装修技巧、设计理念和实际案例，创作者可以在这个细分领域中建立起自己的专业形象和口碑。

总之，发掘并深耕自己最擅长的内容领域，是短视频创作者在激烈竞争中脱颖而出的重要策略。通过专注于自己的优势领域，创作者不仅能够提升内容的质量和吸引力，还能够更有效地吸引和留住目标受众。

德技并修

根据《2023 抖音非遗数据报告》，在过去一年（2022 年 5 月—2023 年 5 月，下同），抖音上的非遗产品总成交额同比增长了 194%，其中 90 后最爱买，00 后购买非遗好物总成交额同比增长近 2 倍。这表明非遗产品在抖音上的市场需求大幅增长，尤其是年轻一代对非遗的热爱和购买力不容忽视。

抖音上的非遗直播活动也非常活跃，过去一年平均每天有 1.9 万场非遗直播，平均每分钟就有 13 场非遗内容开播。直播打赏方面，古筝演奏、黄梅戏、越剧等演艺类非遗项目获得了最高的打赏金额，反映出观众对这些传统艺术的喜爱和支持。

同时，濒危的非遗项目如萍乡东傩面具、长汀公嫲吹、恩施扬琴等在抖音上获得了更多的播放量，显示出抖音平台正在帮助这些濒危非遗项目获得更多的关注。在平台带货成交额最高的 100 位非遗传承人中，90 后占比 37%，表明年轻一代的非遗传承人具有较强的商业潜力和市场影响力。

值得一提的是，越来越多的年轻人已经参与到非遗传承中来。例如，绛州鼓乐传承人王豪杰、漆线雕非遗记忆传承人钟婷婷、面人郎非遗手艺传承人郎佳子彧等 95 后、00 后的年轻人正在抖音身体力行传承非遗。他们通过短视频和直播，让古老的非遗技艺与现代生活建立了新的联系。

短视频和直播平台抖音正在成为推动非遗传播和传承的重要力量。在这里，古老与时尚相遇，传统与现代融合，抖音为非遗传承人们提供了展示才华、传播技艺、实现价值的广阔舞台。未来，随着更多年轻人加入非遗传承的行列，抖音将继续助力非遗在新时代焕发出新的光彩。

2. 提供差异化内容

在短视频平台上，同类型的内容往往层出不穷，但观众对于内容的独特性有着极高的要求。因此，创作者在确立自己账号的人设时，必须清晰地认识到自己与市面上其他同类型账号的区别所在。只有提供与众不同的、具有差异化的内容，才更容易在众多的短视频中脱颖而出，获得观众的青睐和关注。

3. 坚持输出正确价值观

人设不仅仅是外在形象的展现，更是内在价值观的传达。在短视频创作中，每一个细节、每一个选择都应该是创作者内心信念和坚持的体现。只有坚守并输出正确的价值观，创作者才能在瞬息万变的网络环境中保持长久的生命力，赢得观众的尊重和支持。

4. 做可持续产出的内容

一个成功的人设需要有持续的内容输出作为支撑。这就要求创作者在账号人设构建之初，就要充分考虑到内容的可持续性问题。只有确保在人设框架下能够源源不断地产生新的、有趣的内容，才能吸引观众长期关注，避免被遗忘。

5. 地域定位能够进行区域精准投放

地域文化和生活习性的差异使得不同地区的观众对于同一事物可能产生截然不同的理解和认知。因此，在发布短视频内容时，创作者必须充分考虑目标受众的地域特点，进行精准的区域划分和内容定制。

德技并修

80后夫妻辞职后住到深山，给植物拍大片，凭“神级文案”火出圈

璐璟，出生在福建，和爱人惠东辞去城市工作后，住进了福建南平的大山中。他们是抖音植物科普账号@一方见地的创立人。三年间，他们的抖音号“一方见地”发布了近500个植物科普短视频，吸引超过800万网友关注，获赞接近7000万，如图2-5所示。

而除了精致的拍摄画面，“一方见地”在科普短视频中的文案常常让很多网友赞不绝口——这也是他们的视频深受观众欢迎的关键原因。

很多老师和家长会将“一方见地”的视频文案当作语文素材，抄录在笔记本上，甚至还将其作为同学们朗读的范文。例如：“立春，万物生，破冰而生，破土而生，破壳而生，破自己而生。只要昂着头，向着光，就是新生。”

此外，他们还受到央视新闻邀请，合作制作了12期介绍节气的视频，把对大自然的感知传递给网友。

“原来做自己是可以被认可的。”“一方见地”创立至今能达成这样的影响力，是璐璟和惠东意想不到的，但爆火不是他们的最终目的。“我们想做一件能够足够的庞大，让你愿意付出一辈子的事。”在他们眼里，探索他们生活的这座山是一件宏伟的任务，而要了解一座山，一辈子

可能都不够。

2020 年初，一个偶然的契机，让这对年轻夫妻开始用短视频讲述植物的故事，他们的脚步走过福州、漳州、南平等地，如图 2-6 所示。从广告人到电台主持人，再到植物观察者，爱好变成了一项事业，在山里钻来钻去成为他们的日常。

图 2-5 “一方见地”的抖音账号主页　　图 2-6 “一方见地”的视频作品

入驻抖音的第二个月，“七叶一枝花”的短视频便爆火，播放量超过 3000 万。那天晚上，璐璟手机里涨粉和点赞的消息不停以“99+”为单位刷新，一夜之间涨粉 100 万。这让璐璟和惠东很惊讶：植物的故事原来能击中这么多人的心。

模块总结

本模块系统介绍了短视频团队组建与账号定位的基础知识。通过学习了解短视频团队组建及岗位要求，掌握短视频账号定位的基本原则，使学生能够根据企业的发展规划组建适当规模且合理分工的团队，能够为短视频账号设计名称、签名、头像、背景图等，并初步确定账号的人设定位和内容定位。

素养提升课堂

三农类短视频从“乡土记忆”到“乡土经济”的转化

在数字化转型的浪潮中，国家政策的大力支持和平台流量的倾斜，为短视频在三农领域的应用提供了广阔的舞台。短视频平台不仅成为国家乡村振兴战略的有力助手，而且通过流量扶持等政策，促进了乡土文化的传承与乡土经济的转型升级。

首先，短视频平台被赋予了传播乡土文化的使命。在国家大力推进传统文化保护和传承的背景下，短视频平台成为农民朋友们展现乡土风情、民俗习惯和传统手艺的新窗口。通过短视频，亿万观众能够直观感受到乡村的魅力，加深对乡土文化的了解和记忆。例如，抖音、快手等平台推出的“# 乡村振兴 #”“# 传统手艺 #”等话题，吸引了大量用户参与，有效推动了乡土文化的传播。

以陕西省为例，一位农民在抖音上分享了她制作剪纸的艺术过程，吸引了超过 10 万的关注和点赞。借助抖音平台的流量扶持，她的剪纸作品不仅在本地区受到欢迎，还远销海外，带动了当地文化产业的发展。

其次，短视频平台成为乡土经济发展的助推器。在国家政策的支持下，短视频平台通过流量扶持、电商功能接入等方式，帮助农民朋友们将自己的农产品推向市场。这不仅提升了农产品的品牌价值，也为农民带来了实实在在的经济收益。据统计，2023 年农村短视频电商销售额达到了 800 亿元人民币，同比增长超过 50%。例如福建省的一位果农，通过快手直播带货，成功地将自家的特色水果销售到全国乃至海外市场，年销售额超过 1000 万元。这不仅改变了他的生活，还带动了当地农业的升级转型。

最后，国家相关部门也出台了一系列政策，鼓励和支持短视频平台加大对农村地区的投入，如提供技术培训、优化内容审核等，以确保短视频内容的健康发展和乡土文化的正确传承。

总之，在国家政策和平台流量的共同推动下，三农类短视频实现了从“乡土记忆”到“乡土经济”的转化，为乡村振兴注入了新的活力。未来，随着短视频平台的持续发展和创新应用，将有更多优质的三农类短视频作品出现，讲述更多乡村振兴的动人故事。

课后练习

一、选择题

1. （　　）是短视频作品的总负责人。

A. 编导 / 导演　　B. 摄像师

C. 剪辑师　　D. 运营人员

2.（　　）负责对短视频内容运营的效果数据分析及反馈优化。

A. 编导岗位　　B. 策划岗位

C. 视频剪辑岗位　　D. 运营推广岗位

3.（　　）不是短视频运营者在命名时应遵循的原则。

A. 简洁性原则　　B. 创意与联想性原则

C. 领域相关性原则　　D. 稀奇性原则

4. 将短视频账号定位在特定的细分领域或目标受众群体中是（　　）定位策略。

A. 产品定位　　B. 反向定位

C. 正向定位　　D. 平台定位

二、判断题

1. 一个成功的人设需要有持续的内容输出作为支撑。（　　）

2. 创作者为了能在瞬息万变的网络环境中保持长久的生命力，可以适当地加入一些“擦边”内容，以提升用户的吸引力。（　　）

3. 在短视频内容策划中，只要用户粉丝喜欢就行，可以不专注于自己最擅长的领域。（　　）

4. 持续稳定的更新还能够加强用户的黏性，使其更愿意与账号保持长期的互动关系。（　　）

模块三　短视频内容策划与拍摄

情境引入

艾特佳电商公司经过前期的准备，已经明确了短视频账号的定位，现在准备开始进行短视频的创作。运营专员小珂认为在短视频创作的过程中，首要任务是内容策划。虽然短视频时长有限但信息量巨大，每个镜头必须经过深思熟虑的设计，提前撰写细致的脚本。在拍摄阶段，摄影师小凡首先要和团队一起按照脚本做好场景、产品、人员、灯光和道具的准备，根据脚本和视频需要精准把握每个细节，进行合理的构图，选择适合的景别，使用恰当的运镜手法，完成短视频素材的拍摄，为下一步的短视频剪辑做足准备，最终展示出精致、引人注目的短视频作品。

学习目标

知识目标

1. 掌握短视频内容选题策划方法；
2. 了解短视频脚本的作用和类型；
3. 熟悉短视频拍摄前的准备工作；
4. 掌握短视频拍摄中的景别、构图与光线概念。

技能目标

1. 能够根据企业需求进行短视频的选题策划；
2. 能够根据内容选题撰写优秀的脚本；
3. 能够根据脚本完成短视频拍摄前的准备工作；
4. 能够熟练使用各类拍摄器材进行短视频素材的拍摄。

素质目标

1. 具备创新思维和团队合作的精神；
2. 养成注重细节、精益求精的工匠精神。

思维导图

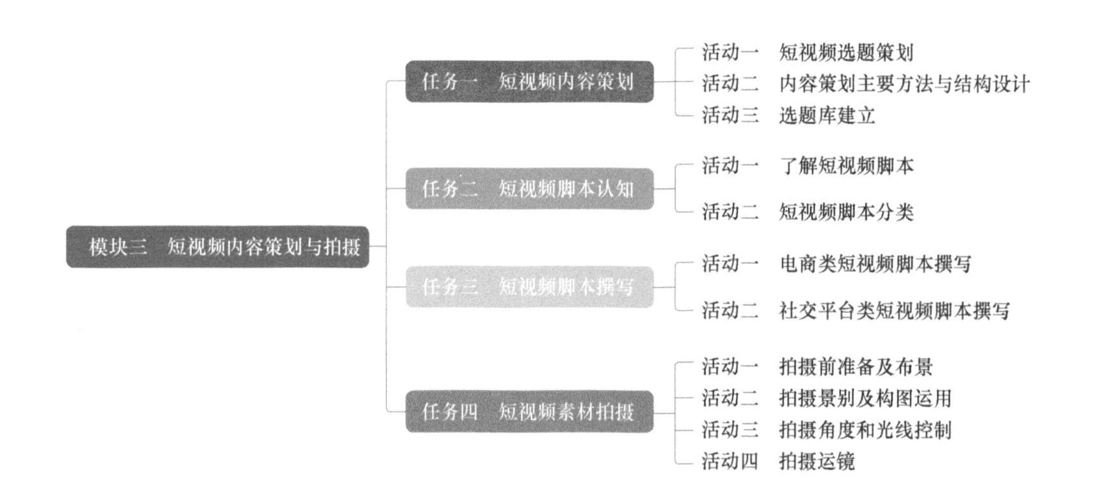

任务一　短视频内容策划

任务描述

匠心独运，创意制胜。

在内容为王的当下，短视频账号的成功与否，很大程度上取决于其内容策划的质量。创作者必须精心挑选题材，内容要贴近用户，结构要新颖独特，以满足用户的多元化需求。只有匠心独运的策划，才能使短视频在众多作品中脱颖而出，赢得观众的青睐和长期关注。因此，内容策划是短视频创作中不可或缺的一环，也是账号成功的关键所在。

任务实施

活动一　短视频选题策划

在短视频创作中，选题意味着创作的方向，代表着对外传递的观点与立场。要想创作出爆款短视频，选题是关键。选题不能脱离用户，只有保证短视频主题鲜明，为用户提供有用、有趣的信息，才能吸引用户关注。

1. 策划选题的基本原则

短视频选题策划基本原则

（1）以用户为中心。目前，短视频行业的竞争愈发激烈，用户对短视频的要求也越来越高，因此，创作者一定要注重用户体验，以用户为中心，短视频的内容切不可脱离用户需求。

（2）保证有价值的内容输出。短视频的内容一定要有价值性，要向用户输出“干货”。选题要有创意，从而激发用户产生兴趣，完成点赞、收藏、评论、转发等行为，促进短视频更广泛地传播。

（3）保证内容垂直。一旦确定了特定领域，短视频创作者应避免频繁更换，因为若短视频账号缺乏垂直度，将导致目标用户不精准，甚至可能引发粉丝流失。为了获得平台的“流量扶持”，创作者应专注于在同一领域内持续输出有价值的内容，并不断提升自己在该领域的影响力。这种做法不仅有助于稳定用户群体，还能提高内容的吸引力和影响力，从而实现更有效地传播和推广。

（4）选题与输出内容相符合。在短视频创作过程中，选好题材是至关重要的第一步，但这并不意味着短视频一定会成为爆款。事实上，许多创作者制作的短视频尽管画面和谐、内容优质，却往往面临点击量低迷的困境，这无疑对创作者的积极性造成不小的打击。造成这种现象的一个重要原因可能是视频内容与所选题材的不匹配。

为了提高短视频的曝光率和吸引力，创作者必须确保视频内容与标题之间的高度匹配。只有当标题能够准确反映视频主题时，平台才更有可能将其推荐给目标用户，从而引发用户的点击观看行为。因此，标题的构思不应等到视频发布时才匆忙进行，而应在选题策划阶段就予以充分考虑。

在选题策划阶段，创作者应该形成一个大致的标题选词思路，确保所选标题既能概括视频内容，又能吸引用户关注。这样做不仅有助于提升短视频的点击率，还能为后续的运营工作提供便利，使短视频更容易跟进热度并贴近用户关注的热点话题。通过这样的策略，创作者和运营人员可以共同努力，提升短视频的整体表现和传播效果。

（5）远离敏感词汇。目前，有关部门正在加强对短视频平台的管理，不断地出台相关法律法规文件，而短视频平台也针对敏感词汇做出了规定，短视频创作者要关注相关法律法规和平台相关的管理规范，以防因为触发敏感词汇而导致违规。

（6）加强互动性。短视频内容要以用户的需求为中心，所以短视频创作者要围绕用户的需求构思，其中很重要的一点就是增强互动性，而且互动性能够很明显地影响短视频的推荐量。

增强短视频互动性的方法有以下三种：

（1）选择互动性较强的话题。例如健身减重、奥运会等用户普遍关注热门话题，往往会引发热烈评论。

（2）有意识地引导用户。短视频创作者在创作短视频时可以在短视频中加入一两句互动的话题。

（3）引发用户“吐槽”。短视频中可以出现一些常见的“梗”和问题，引发用户“吐槽”，这样可以引发用户讨论。

2. 短视频选题的素材来源

想要持续地输出优质内容，短视频创作者就必须拥有丰富的储备素材。

（1）日常积累。短视频创作者一定要养成日积月累选题的习惯，例如通过身边的人或事，通过每天阅读的书籍和文章等，都可以找到有价值的选题。

（2）分析竞争对手的爆款选题。短视频创作者可以研究竞争对手的选题，搜集其选题，并进行整合与分析，从而获得灵感和思路，拓展选题范围。

（3）收集用户的想法。首先从自己的短视频账号的评论或者竞争对手账号的评论中寻找有价值的选题。

其次可以搜索关键词。在寻找选题时，短视频创作者可以使用搜索引擎搜索关键词，对搜索到的有效信息进行提取、整理、分析与总结。

（4）平台热搜榜。各大短视频和搜索平台均设有热搜榜，用以呈现实时的热点排行，这对于短视频创作者而言具有重要的参考价值。为了帮助创作者更好地寻找热点选题，以下10个热搜网站可作为参考。

1）微博热搜榜。微博热搜榜是对热门事件搜索的排行榜单，在热搜榜中可洞察微博平台内活跃度最高的话题。据此热门话题，创作者可产出相应的内容。

2）知乎热榜。经过对比分析，相较于微博，知乎在针对热点事件的解读方面，往往能够展现出更为深刻和全面的视角。知乎热榜为创作者提供了一个便捷的平台，使创作者能够全面了解热点事件的来龙去脉，进而为个人的创作活动提供更为丰富的素材和灵感来源。这一特性使得知乎成为众多网友获取深度信息和拓宽知识视野的重要渠道。

3）搜狗微信搜索。在搜狗微信搜索平台首页呈现给用户的是三个主要的热点搜索入口，分别是搜索热词、热门文章以及编辑精选。这三个入口构成了用户在搜狗微信上获取热点信息的主要途径。

4）微信热点。微信平台具有一套热点推荐机制，当创作者的文章与微信当前的热点话题相关时，微信官方有可能会将这篇文章推荐给更广泛的用户群体。这种推荐机制能够显著提升文章的曝光度和阅读量，与微博中通过附带热门话题提升微博阅读量的策略有异曲同工之妙。

5）新榜 10W+。新榜 10W+ 作为一个内容推荐平台，实时汇集了各种高阅读量的爆文。用户在新榜 10W+ 上可以按照时间、点赞数、阅读数等多种维度对文章进行排序浏览。此外，用户还可以根据自己的兴趣选择特定的领域进行内容浏览。

6）百度搜索风云榜。百度搜索风云榜提供了极为全面的榜单分类，涵盖了时讯、娱乐、小说、游戏、热点等多个领域，几乎覆盖了社会各行各业的信息需求。对于需要广泛搜集热点信息的用户来说，百度搜索风云榜是一个极具参考价值的选择。

7）360 趋势。360 趋势平台内设有一个热门排行榜模块，这个模块主要分为人物、娱乐、汽车、直播、化妆品等十大分类。通过这些分类，360 趋势成功地覆盖了各个领域的热点信息，为用户提供了一个全面而细致的热点内容浏览平台。

8）百度指数。百度指数是一个重要的网络工具，能够反映特定关键词在百度搜索引擎中的搜索频率和内容关注度。该指数基于海量内容数据形成，为研究者、营销人员等提供了关键词热度的直观展示，有助于分析用户兴趣、市场需求等信息。

9）抖音热搜榜。抖音热搜榜作为短视频平台上的重要内容风向标，其排名往往与时下热门话题紧密相关。据统计，目前抖音热搜榜上接近 50% 的内容与热门综艺节目、偶像明星等娱乐元素紧密相连。这一现象反映了当代社会对于娱乐文化的高度关注，也为内容创作者和市场营销人员提供了宝贵的参考信息。

10）头条指数。头条指数是今日头条推出的一款数据公共服务产品。不同于 360 趋势和百度指数等指数产品的是，头条指数是基于今日头条智能分发机制，以及机器推荐所产生。

德技并修

短视频中的传统灵魂：朱铁雄的国风之旅

短视频创作者朱铁雄以国风变装为核心主题，在多个热门短视频平台展示了一系列令人印象深刻的视频作品，引发了广泛的关注和支持。他的视频点赞数量超过 200 万次，粉丝数量达到 1300 万人，平均播放量超过 6000 万次。通过剧情设定和特效变装表现，朱铁雄成功地诠释了中国传统文化的情感内涵，深入挖掘和传达了传统文化背后的故事和精神内核。他创新性地运用特效形式，以此弘扬传统文化，展现了传统文化与非物质遗产传承的热血和浪漫之情。

针对朱铁雄的独特创作风格和内容实力，2023 年 8 月 29 日，新华社客户端撰文《用爆款视频传递精神内核》，详细报道了朱铁雄的成长历程、心路历程以及创作历程，全文篇幅近 4000 字。这篇报道充分展现了朱铁雄的艺术探索和创作精神，以及他在传统文化传承方面所做出的杰出贡献。通过独特的艺术表达、深刻的思想内涵和创新的创作手法，朱铁雄成功地用爆款视频传递着传统文化的精神内核，激发了广大受众对中国传统文化的兴趣和热爱。

朱铁雄的作品不仅展现了传统文化的魅力，也在年轻一代中引发了对传统文化的重新关注和认识，促进了传统文化的传承和弘扬。通过创意和精神内核的结合，朱铁雄成为一名受人尊敬的短视频创作者。

活动二　内容策划主要方法与结构设计

短视频创作者要想持续地生产优质内容，需要找到正确的内容创意方法，然后按照这些方法进行操作，这样才能建立规模化的内容生产流水线。

1. 内容策划主要方法

（1）模仿法。模仿法包括随机模仿和系统模仿。

1）随机模仿。随机模仿是指创作者发现哪条短视频比较火爆，自己就参考该条短视频也拍摄同类型的短视频。

2）系统模仿。系统模仿是指短视频创作者寻找与自己短视频账号运营定位相似的账号和内容，对其进行长期的跟踪与模仿。图 3-1 所示为某抖音账号的特效短视频。

图 3-1　某抖音账号的特效短视频

（2）场景扩展法。场景扩展法是指创作者明确短视频的主要目标用户群体后，以目标用户群体为核心，围绕他们关注的话题，通过构建九宫格来扩展场景，寻找更多内容方向的方法。图 3-2 所示为构建九宫格第一层核心关系，图 3-3 所示为构建九宫格沟通场景。

爸妈	亲密朋友	公婆
同事领导	青年男女	孩子的老师
兄弟姐妹	夫妻	孩子

图 3-2　构建九宫格第一层核心关系

上学	家教	购物
辅导作业	青年男女和孩子	旅游
做游戏	做家务	吃饭

图 3-3　构建九宫格沟通场景

（3）代入法。代入法是指短视频创作者将某个场景作为拍摄短视频的固定场景，然后根据自身需要在这个固定的场景中不断地代入各种不同的元素来填充内容，丰富这个固定场景中的内容表现。

代入法的操作要点包括设置固定的场景、在固定场景中填充不同的内容、用充满创意的方式呈现这些内容。

（4）反转法。反转法是指在剧情的结尾制造一种戏剧性的“神转折”，或者形成一种强烈的“反差萌”，并用“神转折”或“反差萌”形成的强烈对比效果带动观众的情绪，给他们留下深刻的印象。图 3-4 所示为某抖音账号的变装前后对比。

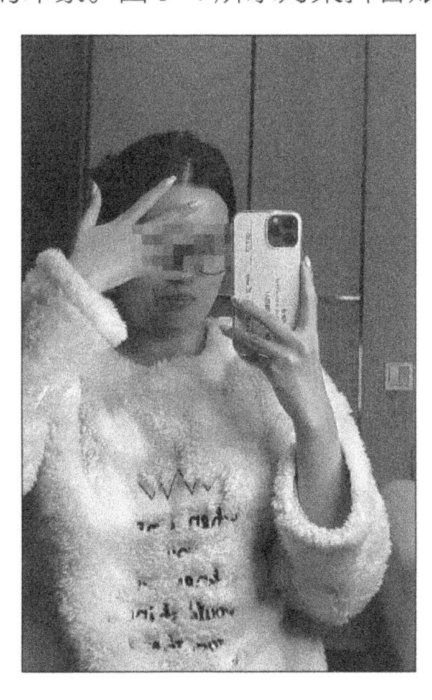

图 3-4　某抖音账号的变装前后对比

（5）嵌套法。嵌套法是指在故事里套入故事，在场景里套入场景，使视频内容更加丰富、更有趣、信息量更大。

嵌套法的应用方法：首先，制作一个故事脚本；其次，制作第二个故事脚本；最后，通过嵌入点把第二个脚本嵌入第一个脚本中。

例如，电影《长安三万里》开头是高适的一场紧张的战役，但是同时在回忆与李白的一生交往过程，两个场景相互穿插，在最后融汇在一起，让剧情达到高潮，庞大的信息量让观者过足瘾。

2. 内容结构设计的一般过程

根据短视频时长的分布，创作者可以把短视频内容分为以下阶段。

（1）第一阶段：建立期待感。建立期待的方式可以是多样的，例如音乐期待、人物期待、视觉期待、文案期待、身份期待、开门见山式期待。

（2）第二阶段：给出价值吸引。价值可以涉及很多方面，包括使人愉悦、引发好奇、给人惊喜、传递知识与技能、提供信息及服务等。

（3）第三阶段：设置转折。设置转折的关键在于制造假象，方法就是在细节方面使用多义性表达，加入干扰性元素，从而在真相被揭示时形成最大程度的戏剧化效果，最后揭示真相，交代谜底。还有一种是人为地设定戏剧化转变。

（4）第四阶段：制造高潮。短视频内容要有高潮部分，能够引发用户共鸣、共情，让用户不自觉地把自己代入场景中。一般来说，在短视频的后半段都要设置一处共鸣的点，引发用户互动。打动用户的方式有如下几种。

喜：唤起用户的快乐，使用户产生愉悦感，如搞笑段子、趣味视频。

萌：巧设萌点收获喜爱，如设置各种萌镜头，让用户感到惊喜。

美：激发用户的向往之情，从感官上给予用户美好的体验，促使他们产生向往之情，如美丽的风景、漂亮的人物或美好的事物。

忧：为用户排忧解难，使用户转忧为喜，如专业技能类视频。

敬：点燃用户的敬佩之情，自己做不到的事别人却做到了，这会使用户产生敬佩之情，如正能量类短视频。

羡：挖掘用户的羡慕之情，现实中人们总有各式各样无法满足的欲望或无法实现的愿望，从这点切入挖掘用户的“羡慕”情感和情绪。

真：捕捉生活小细节、小情绪，从一些微小、真实的事件或事物出发，进行揭露、解读，抒发情绪，以此拉近与用户的距离，使用户产生认同感。

暖：让用户产生爱，通过细心、体贴的举动，使人产生温暖的正面情绪，触动人心中柔软的感情，引发共鸣。

奇：满足用户的猎奇心，利用人们的猎奇心理引共鸣，如开箱测评、冷知识类视频。

（5）第五阶段：巧设结尾。结尾有以下三种类型。

1）互动式结尾：视频结束时和用户互动，询问用户有没有类似的经历。

2）共鸣式结尾：短视频经过开场、发展、剧情反转等达到高潮，一般以语言、文案、画面细节等升华主题，引发用户的情感共鸣，促使用户主动点赞、评论或转发。

3）反转式结尾：通过讲述、表情、动作等在结尾部分完成反转，引发用户深思。

活动三　选题库建立

短视频的类型越来越多，而热门的短视频类型更是各种各样。短视频创作者想要保持定期定量的内容输出，仅靠灵感或者临时查找组织资料，往往效率低且无法保证产出质量，而建立选题库的目的，就是帮助创作者持续输出优质内容。

1. 短视频选题库的建立指南

（1）了解选题库类型。

1）爆款类：关注平台热门排行榜单，掌握热门话题，了解热门内容，选择合适的角度进行选题创作和内容生产。

2）常规类：对身边的人、事、物，以及每天接收到的外部消息进行价值筛选，并整理到自己的常规选题库中。

3）活动类：关注端午、中秋、国庆、春节、七夕等大众关心的节日话题，另外平台官方会不定期地推出一系列话题活动，参与可以得到流量扶持和现金奖励。

（2）了解选题来源。

1）热门评论：点赞高的评论、音乐平台的热门评论。

2）选题渠道：各大平台热门排行榜、相关达人关键词搜索整合。

3）同行关联：挖掘同行、研究同行、创新同行的内容。

4）数据追踪：利用数据软件追踪爆款视频。

5）编排段子：搜集段子，根据段子编排内容。

（3）了解选题切入。

1）内容反差：高端 VS 低端、有 VS 没。

2）知识干货：实操技能、干货分享。

3）模仿经典：电影经典桥段、影视经典人物。

4）励志生活：正能量展示、不屈不挠、积极向上的生活态度。

5）反向观点：热门观点反驳、揭露常见误区、还原真实情况。

以上就是对短视频选题库建立指南的简单介绍。

2. 常见短视频素材库的分类

（1）标题库。建立标题库非常重要，因为标题套路性非常强，将各种类型的好标题保存在素材库，以便平时分析、学习、模仿和套用。

可以将自身账号中的所有爆款标题，如朋友圈中的爆款标题、粉丝比较多的账号中的爆款标题，以及所有的标题技巧干货文章中提到的经典案例作为爆款标题的来源收入标题库中。

建立标题库后，可以利用碎片化时间，多阅读标题，训练标题感觉，多问“为什么这个标题好，它使用了什么技巧，我应该怎么应用”。建立标题库的过程中要特别注意的是，收藏标题的时候，很多短视频内容不佳但标题非常好的也需要收藏。

（2）选题库。选题是做内容最重要的环节，所以建好选题库，可以避免创作者陷入选题的焦虑中。而爆款选题主要可以通过自身账号中所有的爆款选题、竞争对手的爆款选题、朋友圈中的爆款选题以及创作者常见的选题分析中的其他选题寻找到。创作者需要及时地把看到的这些选题放入建立的选题库中。

（3）转载备选库。还有更简便的方式，比如有很多账号都是以转载为主，建立好转载备选库，往往可以避免刻意寻找转载内容导致时间上的浪费，更好地提高工作效率。所以在平时翻看账号或朋友圈时，就要利用收藏功能随时收藏看到的优质图文。建立好标签并分类，不断地丰富转载备选库中的内容。

（4）短视频素材库。定好选题后写短视频需要的素材内容也需要及时地整理归纳。只有这样才可以对短视频实现迅速调取素材案例和观点。

在建立短视频素材库的时候，可以通过收藏夹收藏好视频并分类梳理，也可以通过便签、备忘录、截屏和拍照随时记录创作者所看到的精彩语句和照片。创作者可以将这些优质的图片或者记录随时地保存或上传到创作者的视频素材库中。

除了要养成收藏习惯，创作者还要做到经常熟悉这些素材，对素材分类整理才能用起来得心应手，既不会造成素材内容的浪费，也不会在需要的时候找不到这些有效的素材。

（5）灵感思考库。除了主动记录创作者在浏览视频时能够明确识别的内容，创作者还需养成习惯，及时捕捉并记录观看视频过程中涌现的灵感、想法以及不同的思考角度等。将这些珍贵的创意元素纳入创作者的灵感思考库中，能有效防止灵感的流失。为了实现这一目标，推荐使用的最佳工具包括便笺和语音备忘录。利用这些工具，创作者可以随时保存那些稍纵即逝的灵感素材，并在需要时轻松回顾，从而提高工作效率，节省时间与精力。

掌握了上述五种素材库的建立方式，养成良好的素材记录习惯，就可以有大量的素材来保证内容输出。

任务二　短视频脚本认知

任务描述

凡事预则立，不预则废。

脚本是短视频的核心内容。好的脚本直接决定了短视频的质量水平。脚本能提高视频拍摄效率，为后续的拍摄、视频剪辑、道具等提供流程指导。

一个好的短视频脚本，能明确短视频的框架与体系，更能给团队人员拍摄提供明确的目标。作为艾特佳电商公司的短视频运营专员，小珂认为短视频脚本用于指导整个短视频的拍摄和后期剪辑，具有统领全局的作用。因此，小珂要求团队成员要深入理解短视频脚本的重要性，广泛学习各种类型脚本的特点，为后面的短视频脚本撰写打下基础。

任务实施

活动一　了解短视频脚本

短视频脚本是短视频制作的灵魂，用于指导整个短视频的拍摄和后期剪辑，具有统领全局的作用。虽然短视频的时长较短，但优质短视频的每一个镜头都是精心设计的。短视频脚本的撰写可以提高短视频的拍摄效率与拍摄质量。

1. 脚本的含义

脚本是指表演戏剧、拍摄电影等所依据的底本。

短视频脚本，则是指拍摄短视频时所依据的大纲底本。一切参与短视频拍摄、剪辑的人员，包括摄影师、演员、道具组人员，他们一切的行为和动作都要依据脚本来完成。

什么时间、地点、画面中出现什么，镜头该怎么运用，景别是怎样的，服装、化妆、道具该怎么准备，这些都是根据脚本来操作的。脚本的作用就是提前统筹安排好每一个人每一步要做的事。

一个合格的短视频脚本，能够通过对每个环节、每个镜头的清晰描述，使短视频拍摄的成本可控，内容可控，并且不会出现漏拍镜头的问题，减少后期补拍的工作，节省拍摄时间。

2. 脚本内容的认知准备

（1）拍摄定位。要定位内容的表达形式，比如要做的短视频是美食制作、服装穿搭还是小剧情。

（2）拍摄主题。主题是赋予内容定义的。比如服装穿搭系列，拍摄一个连衣裙的单色搭配，这就是具体的拍摄主题。

（3）拍摄时间。拍摄时间确定下来有两个目的：一是提前和团队拍摄人员约定时间，不然会影响拍摄进度；二是确定好拍摄时间，形成可落地的拍摄方案，这样不会产生拖拉的问题。

（4）拍摄地点。拍摄地点的选择是非常重要的。要确定用的是室内场景还是室外场景，比如室外场景的美食制作可以选择在青山绿水的地方，而室内美食制作则可以选择普通的家庭厨房或者开放式的厨房，这些都是需要提前确定好的。

（5）拍摄参照。有时候想要的拍摄效果和最终出来的效果存在差异，对于新手来说，首次拍摄可以找到同类的作品进行对标参照，选择适合自己作品的部分，进行模仿和二次创作。

（6）BGM。BGM（Background Music，背景音乐）是一个短视频拍摄必要的构成部分，配合场景选择合适的音乐非常关键，比如拍摄中国风的短视频要选择节奏偏慢的唯美音乐，拍摄运动风格的短视频要选择鼓点清晰的节奏音乐，拍摄育儿和家庭剧类短视频可以选择轻音乐。

活动二　短视频脚本分类

短视频脚本通常分为三类：拍摄提纲、文学脚本和分镜头脚本。在选择脚本时，创作者可以根据短视频的创作内容确定。

1. 拍摄提纲

拍摄提纲是指短视频的拍摄要点，只对拍摄内容起到提示作用，适用于一些不易掌控和预测的拍摄内容。如果要拍摄的短视频没有太多不确定的因素，一般不建议采用这种方式。

拍摄提纲的撰写包含以下四个步骤。

（1）确定主题。确定主题指拍摄视频之前要明确视频的选题、创作方向。可以用一句话说明白拍摄一个什么样的视频。例如，拍摄一条视频，带领用户去体验一下北京南锣鼓巷都有哪些美食和乐趣。

（2）情境预估。情境预估指罗列拍摄现场是什么样的或拍摄时将有什么事情发生。

例如，南锣鼓巷可能会人山人海，会有很多美食店、好玩的店铺等，应该着重拍摄 2 ～ 3 家美食店和娱乐店铺，着重拍摄一些具有代表性的店铺。

（3）信息整理。信息整理指提前准备和学习拍摄现场或事件相关的知识，这样不会导致拍摄时的解说毫无逻辑。

例如，南锣鼓巷的历史。南锣鼓巷及周边区域曾是元大都的市中心，明清时期则更是一处大富大贵之地，这里的街巷挤满了达官显贵，王府豪庭数不胜数，直到清王朝覆灭后，南锣鼓巷的繁华也跟着慢慢落幕。

南锣鼓巷现在是北京一条有着非常特色的街巷，是北京保护最完整的四合院区，整条街巷以四合院小平房为主，门前高挂小红灯笼，装修风格回归传统、朴实。与三里屯、后海不同，这里的店铺大多比较安静，和谐、自然、身居闹市却远离闹市的喧嚣，更贴近于生活。

（4）确定方案。确定方案指确定拍摄方案，主要包括时间线、拍摄场景、话术三个部分，见表 3-1。

表 3-1　确定拍摄方案的内容

时间线	拍摄场景	话术
到达南锣鼓巷	拍摄南锣鼓巷的入口	简要介绍南锣鼓巷的历史和景点
逛街时间	拍摄南锣鼓巷的游客人山人海的场景	介绍节假日南锣鼓巷的日客流量
找美食店	拍摄美食店铺并试吃	介绍美食并给出味道评价
逛精品店	拍摄精品店，介绍几款小商品	介绍店铺的情况
寻找故居	拍摄齐白石故居	说一说看见的故居情况
返程	拍摄南锣鼓巷的出口	游玩经验总结

2. 文学脚本

文学脚本要求创作者列出所有可能的拍摄思路，但不需要像分镜头脚本那样细致，只规定短视频中人物需要做的任务、说的台词、所选用的拍摄方法和整条短视频的时长即可。

文学脚本除了适用于有剧情的短视频外，也适用于非剧情类的短视频，如教学类短视频、评测类短视频等。文学脚本中往往只需要规定人物需要做的任务、说的台词、选用的镜头和节目时长即可。以常见的手机测试视频拍摄为例，手机测试脚本见表 3-2。

表 3-2　手机测试脚本

任务	具体任务	话术框架
任务 1	拆封新手机	刚到货的华为 ××，今天为大家测试一下这款手机的性能怎么样，到底值不值得入手
任务 2	描述手机外观	手机重量适中，屏幕曲面屏，机身很轻薄等
任务 3	手机性能对比	用测试软件测试性能，与其他品牌手机进行对比
…	…	…

3. 分镜头脚本

分镜头脚本是在文字脚本的基础上，导演按照自己的总体构思，将故事情节、内容以镜头为基本单位，划分出不同的景别、角度、声画形式、镜头关系等。分镜头脚本相当于未来视觉形象的文字工作本。短视频后期的拍摄和制作中基本会以分镜头脚本为直接依据，所以分镜头脚本又被称为导演剧本或工作台本，见表 3-3。

表 3-3　分镜头脚本格式

镜号	机号	景别	摄法	时间	画面内容	解说词 / 对白	音乐	备注

分镜头脚本举例如下：

故事情节是一名大四学生参加足球校队的最后一场比赛，为不给学生时代留下遗憾，他为这场比赛做了很多准备。视频主要拍摄的是比赛开始前男主角从更衣室到球场这一路的复杂心情，分镜头脚本见表 3-4。

表 3-4　分镜头脚本

镜号	景别	镜头	时长	画面	旁白	音乐
1	中景	固定镜头	4 秒	换足球鞋，运动衣	今天是大学校队最后一场足球比赛	无
2	近景 特写	推镜头	3 秒	穿球鞋，系鞋带	为了今天的比赛特地穿上了这双进球最多的幸运球鞋	《The Mass》
3	全景	固定镜头	3 秒	全身装备，推门走出更衣室	我一定要赢	《The Mass》

力学笃行

分镜头脚本很重要吗?

分镜头脚本是创作影片必不可少的前期准备。分镜头脚本的作用，就好比建筑大厦的蓝图，是摄影师进行拍摄、剪辑师进行后期制作的依据和蓝图，也是演员和所有创作人员领会导演意图、理解剧本内容、进行再创作的依据。并且也是长度和经费预算的参考，能够更好地把握片子的节奏和风格。分镜头脚本的制作要求如下：

（1）充分体现导演的创作意图，创作思想，和创作风格。

（2）分镜头运用必须流畅自然。

（3）画面形象须简捷易懂。分镜头的目的是要把导演的基本意图和故事以及形象大概说清楚。

（4）分镜头间的连接须明确。一般不表明分镜头的连接，只有分镜头序号变化的，其连接都为切换，如需溶入溶出。分镜头剧本上都要标识清楚。

（5）对话、音效等标识需明确。对话和音效必须明确标识，而且应该标识在恰当的分镜头画面的下面。

任务三　短视频脚本撰写

任务描述

如切如磋，如琢如磨。

学习了脚本的基础知识后，艾特佳电商公司的运营专员小珂现在又带着团队成员高效有序地展开脚本创作的任务。他们深知脚本撰写的关键在于注重细节、精益求精，不仅要提升视频质量和吸引力，还要贯穿于拍摄和剪辑全程。这就要求团队成员紧密合作，根据制作要求，精心打磨每一个镜头和对白，着力打造出优质的短视频作品。

任务实施

活动一　电商类短视频脚本撰写

1. 认识电商类短视频

电商类短视频的拍摄目的是比较明确的，就是通过各种各样的形式，让用户更全面地了解产品，从而提高成交转化率。要拍摄电商类短视频，创作者首先需要了解产品包装、结构、功能等方面的相关知识。只有了解了产品，才能在拍摄中更好地展示产品的卖点。

2. 电商类短视频的常见类型

（1）展示产品类短视频。商家想让消费者能够更直观感受产品的细节或规格，可以拍摄展示产品的短视频，比如服装上身效果展示、手机外观展示等方向。

（2）产品讲解类短视频。在产品讲解类短视频中，大多数需要一个主讲人详细讲解产品功能方面的细节，比较适合功能较复杂的产品，比如烤箱、无人机等商品，或者农产品类。

（3）描述产品使用方法类短视频。对于需要加工的商品，比如自热火锅、烹饪材料等商品，可以拍摄一个商品使用方法的短视频，让消费者能够更加清晰如何操作该商品，消费者充分理解后，也能提高成交转化率。

（4）品牌宣传类短视频。

3. 电商短视频的营销

对于品牌商家来说，不仅仅要在商品上付出，还需要不断将品牌企业名号打响，商家可拍摄宣传品牌的短视频，宣传企业基本信息、实力、信誉等形象方面的内容。有创意的视频内容，能够让消费者一下就记住，后续也能更好地扩大营销范围。

以淘宝为例，其短视频内容营销的主要渠道有以下几种：

（1）店铺首页短视频。淘宝对手淘店铺首页的视频模块进行了升级，升级后的店铺短视频可以在首页顶端自动展现，能够展示“新品来了”“关注有礼”“人气好货”“福利彩蛋”四种标签的短视频，可以让消费者快速查看到商品视频的内容，也将店铺内优质产品第一时间推荐给消费者，这一改变能够给商家带来更大的价值。

适合短视频类型：品牌宣传类、展示产品类短视频。

（2）主图短视频。商家发现，消费者在浏览淘宝的时候，遇到精彩的主图短视频，停留下来在视频页面的时间会比简单的主图照片要长很多。主图短视频能够更清晰展现商品的信息，若是服装类目，模特上身效果还能够让消费者有满足感，停留想象自己上身效果，更有利于成交转化率。另外主图短视频能够得到非常多公域流量，比如“猜你喜欢”等同类内容推荐。

适合短视频类型：展示产品类、讲解产品类或描述产品使用方法类的短视频。

（3）微淘短视频。微淘短视频的流量是不容小觑的，发布微淘短视频可以为店铺引来店外流量。不过微淘更注重好物种草，商家可以针对商品信息来发布短视频，最主要是能够吸引到粉丝，让关注的人越来越多，才能进一步变现。

适合短视频类型：品牌宣传类、描述产品使用方法类的短视频。

4. 传统电商类短视频脚本创作实战

随着移动互联网技术的发展与普及，短视频这种能生动形象地展现产品特色的内容表现形式，受到了众多商家的青睐，特别是电商商家，他们纷纷借助短视频来展现自己的产品。部分小商家受限于成本、时间、团队等各方面的因素，对短视频的要求并不高，只希望短视频能够完成展示产品的任务。

例如，某个商家准备为一款充电宝拍摄展示产品类短视频，并将其放置在产品主图中，让用户可以充分了解该款充电宝的外观以及功用。下面就来尝试完成该短视频的脚本撰写。

产品展示类短视频的拍摄思路如下：在拍摄前，首先应该明确此次拍摄的目的，是通过短视频推荐新产品、促进产品销售，还是清理库存等。明确目标后，才能找准拍摄方向。

如果是推荐新产品，那么关键在于“新”。在这个基础上，如何通过短视频展现产品的卖点、产品的设计理念、产品的效果，或者产品背后的品牌故事等，就是我们在拍摄时需要思考的问题。

如果是为了产品促销，那么关键点就要落在“促销”上，在展示产品特色的基础上，可以考虑突出产品促销信息。

如果是为了清理库存，则可以将关键点放在“物美价廉”上，让用户通过短视频马上感受到这种优势。此后，就可以考虑如何通过每一个镜头的内容和镜头衔接来表达出想要表达的信息。表 3-5 列出了脚本内容供参考。

表 3-5　脚本内容

镜号	运镜	景别	画面内容	时长	音乐	文字
1	固定镜头	特写	一个人拿出一个充电宝给手机充电，画面只拍摄到这个人的手部	3 秒	舒缓音乐	新款充电宝来啦
2	推镜头	全景	手机和充电宝充斥着整个画面，手机屏幕显示着已充电特效	2 秒		快速充电
3	移镜头	全景	俯拍充电宝正面	2 秒		造型美观
4	固定镜头	特写	打开充电宝的手电筒功能，画面定格在两盏灯泡亮着的时刻	2 秒		应急手电筒
5	固定镜头	全景	充电宝背面展示，主要有四条数据线	1.5 秒		自带四线可拆卸
6	推镜头	特写	充电宝侧面展示，放大两个充电口处	2.5 秒		适合多种手机接口
7	固定镜头	全景	手提充电宝	3 秒		小巧便携
8	推镜头	全景	充电宝正面展示	1 秒		能量 100%

活动二　社交平台类短视频脚本撰写

当前，抖音、快手、小红书、微信视频号等热门短视频平台都是人们在工作之余的碎片时间经常浏览的平台，这些平台上的短视频也深受大众的青睐。平台短视频内容除了丰富人们的闲暇生活之外，也可以通过植入产品信息，走电商之路。

1. 社交平台类短视频的创作要点

平台类短视频传播广泛，观看的用户众多，同时热衷于平台类短视频的创作者也非常多。要想从众多的创作者中脱颖而出，就需要掌握平台类短视频的创作要点。下面主要以剧情类和美食类短视频为例，介绍社交平台类短视频的创作要点。

（1）剧情类短视频。剧情类短视频的创作者一般是一个团队，其中包括专门的编剧、演员、摄影、剪辑等部分创作者在创作初期受制于经费等因素，往往会选择一个人完成多项工作。目前各短视频平台上已经出现了大量的剧情类短视频，它们的质量参差不齐，而要创作出热门的剧情类短视频，创作者需要注意以下创作要点。

1）制作精良。这类短视频从剧本、拍摄到后期剪辑，至少要花费 3 天以上的时间从构思到打磨剧本，再到选择不同的拍摄环境，以及后期尝试不同的剪辑方式等。这些工作虽然烦琐，却保证了短视频的质量。

2）人物性格鲜明。热门的剧情类短视频需要创造并刻画出性格鲜明的人物，让短视频的主要角色始终都带有鲜明的性格标签。这样做的好处在于当用户看到这个新的短视频时，会主动根据人物性格去预测将要发生的剧情，从而产生大量行为。

3）创作角度新颖。剧情类短视频要非常重视内容上的创新，这样才有可能在海量的短视频中脱颖而出，从而产生点赞、关注、转发等行为。

4）视频节奏感强。剧情类短视频要想受到欢迎，就要保证剧情不拖沓、节奏感强。创作者一方面需要打磨剧本内容，另一方面要根据剧情的发展，配以合适的音乐，强化节奏感。

5）内容引起共鸣。热门的剧情短视频之所以会得到大量的关注，主要是由于选题来源于生活，戳中了用户的痛点，让用户感同身受，引起强烈的共鸣。

（2）美食类短视频。俗话说，民以食为天，美食是人们茶余饭后经常会探讨的话题。美食对人们有着天生的吸引力，美食类短视频拥有庞大的受众群体，因此，也成了短视频平台尤为重视的内容垂直领域。而在当下的美食内容创作主要有以下四种类型：

1）教程类。教程类的美食视频创作更像是菜谱短视频指导，即把每道菜的制作步骤详细地拍摄出来，指导用户如何创作制作美食，视频制作的成本偏低，实操性也比较强。

账号本身就像是一本精致的菜谱，虽然可以没有真人出镜，但注重为大家展示“家常美食”的创作，步骤详细，画面质量优质，也可以吸引到很多用户的关注。

教程类内容的创作，除了“家常美食”这种，还可以真人出镜来打造个人美食 IP，在教大家做菜的同时，还可以配上文字进行讲解，有的还搭配上酷炫浮夸的动作，自成一派。

2）探店类。探店类型的内容创作，一般有两种传播的方式。一种是纯粹的探店模式，这类账号有很强的地域性，一般是创作者所在城市的美食探寻，比如“探店济南”，标签就是：“济南吃货 UP 主，带你正儿八经吃济南！”

还有一种，就是美食博主会在自己的视频内容中加入店铺的定位信息，引导用户前往店里进行消费品尝。

3）吃播类。吃播在各个平台都是比较受到欢迎的，主要是通过食用比较新奇的食物或者展示自己超大的食量，来获取更多用户的关注和喜爱。

有吃播界头部达人曾表示，吃播之所以受欢迎一是看别人吃很解压，二是看的过程中也会被治愈，有的东西自己吃不了，看别人吃会有替代性满足感。但是这类视频应以身体健康，并能引领正确的饮食观为首要考虑。

4）乡村生活类。一般以田园生活作为故事背景的创作者大多生活在农村，视频拍摄的内容，从选材到烹饪，一举一动都给人一种回归乡野的闲逸舒适感。对于那些在钢筋水泥的城市中日夜奋斗的人们来说，这是他们无数个梦中向往已久的生活。

比如某位被誉为“最美网红”的博主，在她的视频里对于美食的制作都会使用较为古老的烹饪方法，背景声里的虫鸣鸟叫加强了用户的代入感，仿佛此刻身在其中。

基于大量的美食创作者带来了无数的短视频，如何从中脱颖而出呢？以下几条是美食类短视频优化的注意事项。

1）加强叙事，丰富内容。美食类短视频以线性叙事方式为主，包括平叙、倒叙、插叙等叙事方式。非线性叙事方式在美食类短视频中应用较少，主要包括断裂、省略、闪回、闪前等叙事方式。美食类短视频如果长期使用单一的叙事方式，会造成受众审美疲劳，同时不利于账号的持续性内容输出。

2）提升视听语言，增强审美价值。初期的美食类短视频行业内容以无厘头居多，拍摄不讲究构图、色彩、明暗等元素，导致短视频内容质量差，这不利于美食类短视频的发展。所以在制作美食类短视频时，务必要多一些思考，少一些浮躁，抱着一颗匠心，以提升美食类短视频的审美性。

3）深耕美食文化，提升文化价值。中国历史文化悠久，作为美食类短视频创作者，应该深耕美食文化，挖掘美食内涵，通过视频体现出中国人民的坚强、智慧和勤劳，也向全世界传递优秀的中国传统文化。作为内容创作者，必须深耕美食文化内涵，提升美食短视频的传播价值。

2. 社交平台类短视频脚本创作实战

以真人出镜的口播类短视频为例。口播类短视频基本采用定拍的方式，镜头和场景的变化不大，故脚本采用剧本脚本的形式（文学脚本也可以）来撰写，但是一些需要演员注意的细节，比如表情、动作，以及后期剪辑的效果需要在脚本中清晰表现出来，另外，脚本内容尽量通俗易懂、口语化，也可以结合时下流行词，以下口播脚本供参考。

香辣黄鱼酥剧本文案

场景：一间宽敞明亮的客厅，中央摆放着一张装饰简洁的餐桌。

演员：一位，女性，表达自然流畅。

演员 A：在这个看脸的时代，它却以实力取胜。网上热议不断的黄鱼酥，今天我也来尝一尝，给大家做一个快速评测。我手里拿着的是香辣和原味两种口味的黄鱼酥，（镜头特写包装）来试试原味的，看看它是否像大家说的那样美味。这款黄鱼酥一咬下去，满口都是酥脆，（镜头分切，细节特写）悄声告诉你们，它的分量超乎你的想象，（悄悄动作，蒙版效果显示圆圈）而且全是高蛋白，无油炸，采用的是低温烘烤，每一层都酥香四溢。（分层次标注特效）连鱼骨头都是酥脆的，正如商家宣传的那样，鱼骨都能吃出香酥感，越嚼越有味道。小身材，大滋味，（做出点赞姿势）接着让我们看下它的成分：鳕鱼、简单的白砂糖、食盐、天然的食用香精、食用味精（蒙版效果展示配料表），没有添加任何多余的成分。无论是老人还是小孩，都是这款休闲食品的爱好者，它的产地，是美丽的海滨城市——山东日照。（插入日照海边的美景画面）日照以其秀美的海景和丰富的海产品而闻名（画面展示海鲜图片），如果你还没机会亲自去那里欣赏美景，那就先来品尝一下这里的美食吧，（特写黄鱼酥）保证让你满意。喜欢的朋友们，赶快下单吧！（出现“nice”文字以及“冲鸭”表情包贴纸）

力学笃行

深入探索短视频创作：如何智慧选择赛道与平台？

在挑选短视频平台时，需要考虑多个因素来找到最符合自己需求的平台。以下是一些建议，以抖音、视频号、小红书、快手等平台为例。

（1）目标受众群体：选择与你的目标受众最为匹配的平台，因为每个平台都有其独特的用

户群体。

（2）内容类型偏好：了解每个平台对内容类型的偏好，以便选择最适合自己内容风格的平台。

（3）平台算法：研究不同平台的算法，以掌握平台对内容质量和流量的喜好。

（4）流量和用户活跃度：考虑平台的流量规模和用户活跃度，选择能够为自己带来发展机会的平台。

（5）合作机会和变现方式：寻找平台提供的合作机会和变现渠道，以确保平台能够满足自己的需求。

（6）品牌合作和推广资源：了解平台与品牌的合作情况，选择能够提供丰富资源和支持的平台。

综上所述，根据自身的创作风格、目标受众、内容类型、变现需求和合作机会，智慧选择适合自己的短视频平台，从而在平台上展现个人特色并取得成功。同时，不要害怕尝试和调整策略，以便不断优化内容，提升作品的质量和吸引力。

任务四　短视频素材拍摄

任务描述

实践出真知，操作显才华。

艾特佳电商公司的运营专员小珂，带领团队精心编写了短视频脚本，现在正准备将其转化为实际作品。她深知制作高质量短视频需要全面的知识和实践，包括操作拍摄设备、调整参数、利用道具布置场景、构图、景色选择、光线运用和运动镜头等方面。只有全面掌握这些要素，才能创作出引人注目的短视频。

任务实施

活动一　拍摄前准备及布景

短视频拍摄常用设备

1. 短视频拍摄常用设备

对于短视频拍摄者来说，选好拍摄设备对于短视频的拍摄质量有着直接的影响。下面将介绍常用的短视频拍摄设备和辅助设备。

（1）智能手机。对于绝大多数新手来说，拍段视频，其实只要一部手机就足够。但是，为了让视频有足够的清晰度，手机设备的像素最好在 800 万及以上，手机分辨率设置为 1080P 及以上（如果支持 4K 的话，可以调成 4K），画面 30 帧以上为宜。

（2）单反相机。单反相机拥有更高的像素和更专业的功能，可以提供更高质量和更具艺术感的视频效果。拍摄时可以调整各种参数来获得更加精准的画面效果，适合对画面质量有更高要求的拍摄场景。

（3）无人机。无人机作为短视频拍摄的新选择，能够提供独特的航拍视角。通过无人机可以拍摄出震撼的空中镜头，增加视频的视觉冲击力和创意性。使用无人机拍摄时需要注意飞行安全和法律规定，同时也要熟练掌握无人机的飞行技巧，以确保拍摄的稳定性和流畅性。无人机的运用可以为短视频增添更多的创意和想象空间。

2. 短视频拍摄辅助设备

（1）稳定设备。为了保证视频拍摄的稳定性，有时候需要一定的辅助设备，它们能够提高拍摄的效率和画面的质量，常用的稳定设备如下：

1）三脚架，如图 3-5 所示。

2）滑轨，如图 3-6 所示。

图 3-5　三脚架

图 3-6　滑轨

3）稳定器，如图 3-7 所示。

4）蓝牙控制器，如图 3-8 所示（如果自己一个人不方便按开关键，可以用蓝牙控制器）。

图 3-7　稳定器

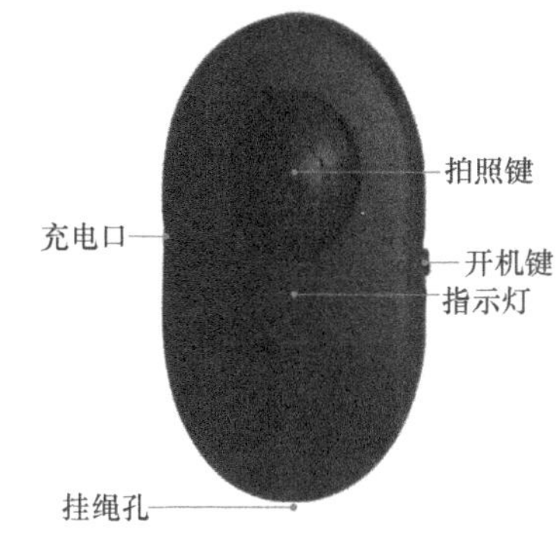

图 3-8　蓝牙控制器

（2）收音设备。目前市面上所使用的短视频拍摄设备都具备录音的功能，但录音的效果往往达不到预期。拍摄设备自带的录音功能会将周围环境的声音也一并录进去，就会造成许多噪声。虽然噪声在后期剪辑时可以通过音频剪辑软件进行降噪处理，但是效果并不理想。因此就需要专业的收音设备，常用的收音设备有：

1）领夹麦克风，如图 3-9 所示。

图 3-9　领夹麦克风

2）枪式麦克风，如图 3-10 所示。

图 3-10　枪式麦克风

这些收音设备的主要作用是增强音效，便于收音，让声音效果听起来更好。

（3）补光设备。很多时候，自然光不能达到很好的拍摄效果。在摄影产品中有很多丰富的补光产品，它能起到至关重要的作用，常见的拍摄设备如下：

1）闪光灯，如图 3-11 所示。

2）补光灯，如图 3-12 所示。

3）反光板，如图 3-13 所示。

图 3-11　闪光灯

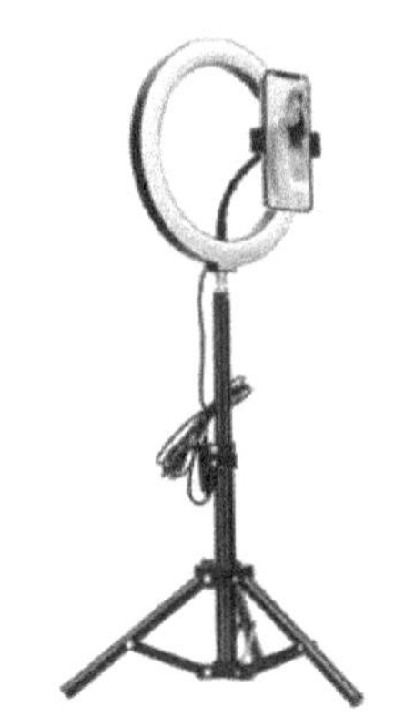

图 3-12　补光灯

图 3-13　反光板

3. 短视频布景

布景从字面上来看，就是布置景色，简单来说就是装扮演员的演出场地。对于短视频布景来说，那就是布置短视频的拍摄场地。要提高短视频质量，最有效果的方式提高布景品质。因为相对于提高画面质量和提高镜头语言的使用来说，布景在观众看起来是最明显的。优质的画面有助于提高短视频的播放量。这样才能提高节目的吸引力和扩散能力。下面介绍短视频布景的常用方法。

（1）升级背景。在一段视频里面，背景虽然不是最主要的，但是对整体画面形象的影响确实很大。因为背景的面积往往在画面中占比最大。虽然观众的视觉焦点不在画面的背景上，但是却影响着画面中主体影像的形象气质，也影响到视频的整体风格基调。

短视频拍摄要根据视频的内容和定位来确定是否需要升级背景。如果视频更多取的是外景，那么背景的更换就比较容易，换一个地方取景即可。因为室外很难布置场景，外景布置的资金和时间成本相对高，并且会受环境因素的影响。对于短视频团队最实惠的做法就是遵循减法的原则进行外景的取景，也就是说需要尽量找一个简单干净的背景。在这种模式下，想形成一个比较完整的风格，则需要通过视频的剪辑包装和后期调色以及特效加持来达到更好的效果。

很多短视频自媒体的初学者没有足够的资金来搭建一个舞台实景，最简单的方法就是用墙面来当背景。这个方法其实很实用，并且直到现在也还是有很多比较成功的账号仍然在使用的一种背景方式。墙体相对粗糙且不会有明显的反光，也可以最大限度减小拍摄难度。不足之处在于，墙面颜色一般白色较多，很多视频都是白色背景，使得整体辨识度不高。另外还有一种最简单的方法就是使用背景布。背景布的使用很简单，并且成本低，画面效果也还不错。

（2）装饰品的布置。对于短视频团队，特别是中小型团队来说，很难花费大量成本去搭建一个大型的室内布景。短视频更注重内容和效率，布景只是一种内容的配成。作为初创人员，确实没有必要在这方面投入过多，但是可以通过增加一些书架、花卉、照片墙等道具来简单装饰房间，再配合后期的调整，以达到更好的效果，如图 3-14、图 3-15 所示。

图 3-14　以餐具等作为布景

图 3-15　以花卉等作为布景

（3）绿幕的使用。绿幕是电影特技中很常用的技术手法。比如一些奇幻电影中的场景，现实中的景色很难找到理想的效果，经常会通过搭建绿色背景棚来实现。在绿色的背景中拍摄，后期再使用计算机将画面内容抠出，与背景进行特技的合成制作。虽然说这种方法在场景搭建上很简单，但需要有很专业的后期人员，在视频剪辑时，会增加剪辑的成本，因此只建议有比较强的剪辑功底的人群来使用。

短视频内容的风格属性也离不开时间和空间。描述一个风格时，所处的年代和时代决定着颜色、元素、材质的搭配。如中国风经常选择沉稳大气的颜色，以黑、白、灰、原木、绿等来衬托产品，如图 3-16、图 3-17 所示。而欧式风常常以繁复的花纹为代表，当然也有崇尚简约的北欧风。

图 3-16　以黑色为底衬托产品

图 3-17　以白色为底衬托产品

活动二　拍摄景别及构图运用

学习短视频拍摄，不仅要学会使用拍摄设备，还要掌握视听语言，只有掌握一定的视听语言知识，才能提高对短视频作品的分析和解读能力。短视频中的视听语言包括景别、画面构图、拍摄角度、光线运用、运镜设计等。

短视频拍摄的是动态画面，摄影拍摄的是静止画面，但是二者本质上没有区别。在短视频拍摄的过程中，不管是移动镜头还是静止镜头，拍摄的画面实际上都是由多个静止画面组合而成的，因此摄影中的一些景别和构图方法也同样适用于短视频拍摄。

1. 景别

短视频拍摄景别

景别是指由于拍摄设备与被摄对象的距离不同，而造成被摄对象在取景画面中所呈现出的范围大小的区别。通常以被摄对象在画面中被截取部位的多少为标准来划分，一般分为六种，由远至近分别为远景、全景、中景、中近景、近景和特写。

（1）远景。远景是指在构图中包含场景较大的构图形式，可以表现背景环境的全貌。在人像摄影中，远景构图常被用于具有恢宏、开阔氛围的场景，将人物的情感与场景氛围相融合，形成富有视觉冲击力的画面，如图 3-18 所示。

（2）全景。全景构图中包含的场景相对适中，可以充分展现出人物的整体形象，并对人物主体的心情、状态具有一定的烘托衬托作用，是人像摄影中一种常用的取景形式。拍摄中，一般会节选场景中具有特点的部分作为环境背景，人物主体占画面视觉主导地位，如图 3-19 所示。

图 3-18　远景

图 3-19　全景

（3）中景。中景和全景不同，人物的头顶依然留有空间，而画面下方则是取到膝盖上方一点点，功能类似全景，只是取景范围相对小一点。中景构图使人物主体的形象特征更加突出，人物的面部表情、神态和动作都可以较为清晰地表现出来。这时场景处于画面的次要地位，只能概括地表现出环境，如图 3-20 所示。

（4）中近景。中近景的取景范围介于中景和近景之间，用于表示人物腰部以上的活动，中近景用于展示人物的上半身，特别是头部和面部的神情，如图 3-21 所示。

图 3-20　中景

图 3-21　中近景

（5）近景。近景是表现成年人胸部以上部分或物体局部的画面，画面包含的空间范围极其有限，主体所处的环境空间几乎被排除出画面以外。

近景是表现人物面部神态和情绪、刻画人物性格的主要景别，它的作用相当于文学作品中的肖像描写，适宜于对人物音容笑貌、仪表神态、衣着服饰的刻画，突出人物的神情和重要的动作，也可用来突出重要的景物，如图 3-22 所示。

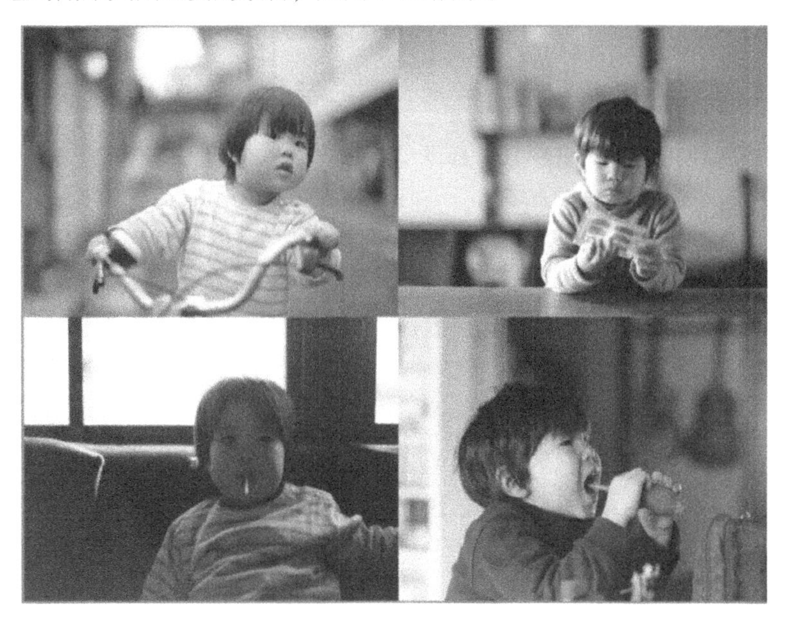

图 3-22　近景

（6）特写。特写是从第一视角拍摄的画面，放大了某一部分的表现。比如面部表情、眼睛、手，或者身体的某个部位，从而填满整个屏幕，如图 3-23 所示。

特写镜头既可以用来突出某一物体细部的特征，提示其特定含义，也可以用来表现人物神态的细微变化，如图 3-24 所示。

图 3-23 脚部特写

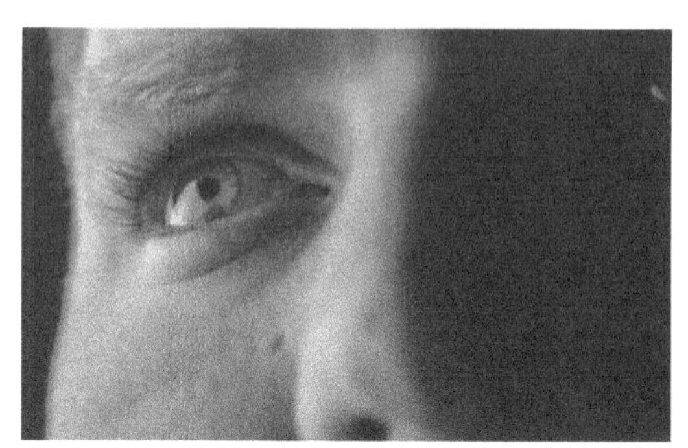

图 3-24 眼部特写

2. 画面构图

短视频拍摄构图

构图是画面内容的布局结构。构图是审美能力和品位的体现。优秀的图片会说话。以下介绍九种常见的构图方式。

（1）中心构图法。采用中心构图法的时候，最好采用画面简洁或者与主体反差较大的背景，可以更好地衬托被摄主体，如图 3-25 所示。

图 3-25 中心构图法

（2）三分构图法。如图 3-26 所示，就采用了水平三分构图法，将驼队放在了画面的 1/3 处；图 3-27 则采用了垂直三分构图法，和阅读一样，人们看图片时习惯由左向右，视线经过运动，视点落于右侧，所以在构图时把主要景物、醒目的形象安置在右边，更能获得良好的效果。

图 3-26 水平三分构图法

图 3-27 垂直三分构图法

（3）对角线构图法。对角线构图法就是将被摄主体沿着画面的对角线方向排列的方法。这一构图方法能够表现出很强的动感、稳定性和生命力，给观众一种画面更加饱满的感觉。对角线构图法中的线条可以是任何形式的线条，如光影、实体线条等，如图 3-28 所示。

（4）对称构图法。对称构图法是将画面分成轴对称或者中心对称的两部分，给观众以平衡、稳定和舒适感觉的构图方法。对称构图可以突出拍摄主体的结构，一般用于建筑物的拍摄。需要注意的是，使用对称构图法时，并不讲究完全对称，做到形式上的对称即可，如图 3-29 所示。

图 3-28　对角线构图法

图 3-29　对称构图法

（5）留白构图法。留白构图法，就是剔除与被摄主体关联性不强的物体，形成留白，让画面更加精简，突出主体，给观众留下想象空间的构图方法。

留白不等于空白，它可以是单一色调的背景，也可以是干净的天空、路面、水面、雾气、草原、虚化了的景物等，重点是简洁、干净，不会干扰观众视线，能够突出主体。留白还可以延伸空间，如借助人物视线，可以有效地延伸画面，给人留下更多的想象空间，如图 3-30 所示。

（6）框架构图法。框架构图法很独特，是指在场景中布置或利用框架将要拍摄的内容放置在框架里，将观众的视线引向中心处物体的构图方法。画面中的框架其实更多是起到引导作用，并不会引起过多注意，反而会使主体更为突出。框架的选择多种多样，可以借助屋檐、门框和桥洞等物体，也可以利用其他景物搭建框架，如图 3-31 所示。

图 3-30　留白构图法

图 3-31　框架构图法

（7）重复构图法。在视频画面中，有时候没有单一一个明确的主题主体，可能是一群同样的东西，那么在画面中将这一群主体拍摄下来，其实就是利用重复主体的构图方法，如

图 3-32 所示。

图 3-32　重复构图法

（8）三角形构图法。三角形构图法以三个视觉中心为景物的主要位置，形成一个稳定的三角形，画面给人以安定、均衡、踏实之感，同时又不失灵活。可以采用正三角、倒三角和不规则三角形构图，其中正三角形构图能营造出稳定感，给人以舒适之感；倒三角形构图具有开放性及不稳定性，因而给人以一种紧张感；不规则三角形构图则具有一种灵活性和跳跃感，如图 3-33 所示。

（9）引导线构图法。引导线构图法就是利用线条将观众的视线引向画面想要表达的主要物体上。引导线可以是河流、车流、光线投影、长廊、街道、一串灯笼和车厢。只要是有方向性的、连续的点或线且能起到引导视线的作用，都可以称为引导线，如图 3-34 所示。

图 3-33　三角形构图法

图 3-34　引导线构图法

德技并修

镜头下的三农，景别里的故事

三农短视频里，可以尝试从全景镜头开始，展现农人干农活的种种场景，开门见山，直接切入主题，然后再由全景推成中景、近景直至最后的特写，以多种角度来展现三农人在劳作中的场景变化和心理变化。

用户在看全景和远景时，内心比较松弛，旁观感强，因此更理性，多用于思考和审美；而在观看近景和特写时，则会有紧张感，或者更深入到角色的内心情感世界里，互动性和参与性更强。

合理地综合运用景别，可以让视频荡气回肠，吸引用户并为内容买单。

活动三　拍摄角度和光线控制

拍摄角度是影响画面构成效果的重要因素之一，拍摄角度的变化会影响画面的主体与陪体，前景与背景及各方面因素的变化。在相同场景中采用不同角度拍摄到的画面，所表达出来的情感和心理是完全不同的。在拍摄过程中，摄像师要根据需要表达的含义，选择拍摄角度。另外光线的选择也非常重要。本节主要介绍拍摄方向、拍摄高度和拍摄光线对画面的影响。

短视频拍摄角度

1. 拍摄方向

拍摄方向是指手机镜头与被摄主体在水平面上的相对位置，包括正面拍摄、侧面拍摄和背面拍摄三种。在拍摄距离和拍摄高度不变的条件下，不同的拍摄方向可展现被摄主体不同的形象，以及主体与陪体、主体与环境的变化，如图 3-35 所示。

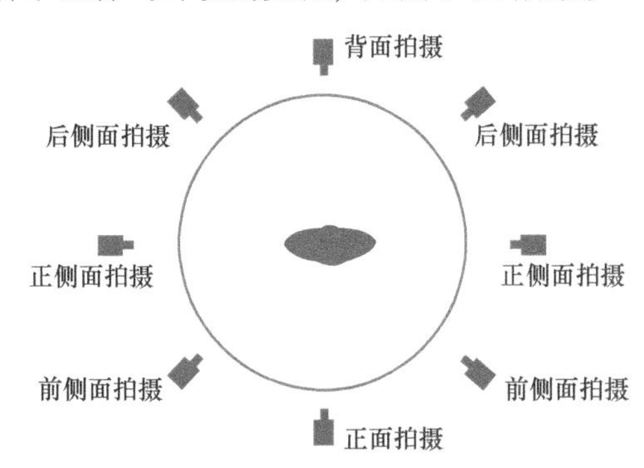

图 3-35　不同的主体拍摄方向

（1）正面拍摄。正面拍摄适合表现人物完整的面部表情，有利于被摄对象与观众的交流，使观众产生亲切感。

（2）侧面拍摄。侧面拍摄可以分为正侧面拍摄、前侧面拍摄和后侧面拍摄。正侧面是指镜头的拍摄方向与被摄对象的正面呈约 90° 夹角，有利于展示人物的轮廓线条和身体姿态。前侧面拍摄是指镜头与被摄对象的正面呈约 45° 夹角，后侧面拍摄是指镜头与被摄对象的背面呈约 45° 夹角。侧面拍摄有利于展示景物或者人物的立体感与空间感。

（3）背面拍摄。背面拍摄指镜头在拍摄对象的正后方进行拍摄，使观众产生与被摄对象同一视线的主观效果。背面拍摄时观众看不到被摄对象的面部表情，只能通过肢体语言来猜测其内心世界（人物姿态语言为造型语言），能够给人联想和思考的空间，引起观众的好奇心和兴趣，如图 3-36 所示。

图 3-36 背面拍摄

2. 拍摄高度

拍摄高度是指镜头与被摄对象在垂直面上的相对位置和高度，包括平拍、仰拍、俯拍和顶拍。只要拍摄角度有高低变化，就会对人 / 景物的塑造产生影响。以下是几种拍摄高度的类型。

（1）平拍。平拍是镜头与被摄对象在一条水平线上，是一种纪实角度，不易产生变形，比较适合拍摄人物的近景、特写，但不利于表现空间的纵深感和层次感。

（2）俯拍。俯拍与仰拍相反，拍摄的视角在被摄对象的上方，从上往下拍。俯拍可以展现开阔的视野，也会使人物显得渺小，可以传达怜悯和同情之感，也可以营造压抑沉闷的气氛。

（3）仰拍。仰拍是镜头偏向水平线上方进行拍摄。仰视角度越大，被摄主体的变形效果就越夸张，带来的视觉冲击力就越大。仰拍可以用来展现被摄主体被夸张的形象，这种高度拍风光会给人空灵感，拍人物可以塑造高大且强有力的形象，拍建筑会有直插云霄之感，如图 3-37 所示。

（4）顶拍。顶拍是镜头从空中向下大俯角拍摄或者利用无人机航拍。顶拍具有极强的视觉表现力，能够使观众鸟瞰场景的全貌，享受翱翔在场景之上的感觉，如图 3-38 所示。

图 3-37 仰拍

图 3-38 顶拍

3. 拍摄光线

无论室内还是室外拍摄，光线也是影响画质的重要因素之一，这里主要学习光位的选择，如图 3-39 所示。

光位是指光源相对于被摄对象的位置，即光线的方向与角度。同一对象在不同的光位下会产生不同的明暗造型效果。常见的光位主要有顺光、侧光和逆光，其中侧光中包括前侧光，逆光中又包括侧逆光。

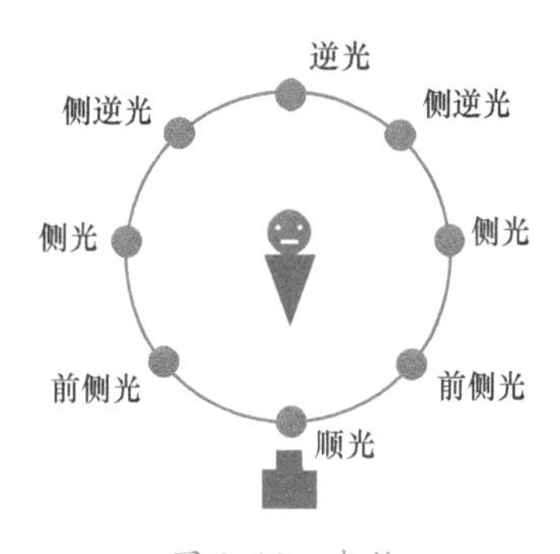

图 3-39　光位

（1）顺光又称正面光或者前光，它能使被摄对象表面受光均匀，暗调少，看不到由明到暗的影调变化和明暗反差，但拍摄人像面部时，顺光可以消除细纹、皱纹和瑕疵。

（2）侧光包括正侧光和前侧光。正侧光光源的投射方向与镜头的拍摄方向约成 90° 夹角，也叫 90° 侧光。

前侧光是指 45° 方位的正面侧光，是最常用的光位。刻画人物脸部的特写及表情时，理想光线就是使被摄对象大面积受光，处于 2/3 明亮、1/3 阴影的效果。

（3）逆光又称背光或者轮廓光，光源的投射方向与镜头拍摄方向相对，处于被摄对象的后方或者侧方，如图 3-40 所示。根据光线的角度、高度和被摄对象的具体情况，逆光分正逆光、侧逆光、高逆光。正逆光的光源与被摄对象几乎在一条直线上。

光源在被摄对象的后上方或者侧后上方，就会形成高逆光，会在被摄主体边缘构成比较宽的轮廓线条。

逆光也常用于勾勒剪影艺术效果，能够获得造型优美、轮廓清晰、质感突出、生动活泼的画面造型，如图 3-41 所示。

图 3-40　逆光（背光、轮廓光）

图 3-41　逆光用于勾勒剪影艺术效果

活动四　拍摄运镜

运镜又称为运动镜头、移动镜头，是指通过移动摄像机机位，或者改变镜头光轴，或者变化镜头焦距所进行的拍摄。在短视频作品中，静止状态的画面是不常见的，运动画面居多。在拍摄短视频时，摄像师常常需要通过运镜开辟画面的造型空间，创造出独特的视觉艺术效果，进而制作出富有画面感的短视频。

运镜主要有两种方式：一种是将摄像机安放在各种活动的物体上；另一种是摄像师扛着摄像机通过运动进行拍摄。两种方式都力求平稳，保持画面的水平。在平常的视频拍摄中，巧妙运镜有利于丰富画面场景，表现被摄主体的情感。

常见的运镜方式有推镜头、拉镜头、摇镜头、移镜头、定镜头、跟镜头、甩镜头等。

推镜头：拍摄时拍摄设备通过直线向前移动或提升镜头，使拍摄的景别从大景别向小景别变化。

拉镜头：拍摄时拍摄设备通过直线向后移动或旋转镜头，使拍摄的景别从小景别向大景别变化。

摇镜头：拍摄时拍摄设备以拍摄设备为轴心，从左向右或从右向左弧线型移动设备。

移镜头：拍摄设备拍摄时镜头方向与拍摄设备移动方向呈直角，而拍摄设备移动速度相对固定、景别相对不变。

定镜头：拍摄时拍摄设备位置保持不动。

跟镜头：拍摄设备拍摄一个运动对象时，与拍摄对象运动速度、方向一致地跟随拍摄。

甩镜头：拍摄时以拍摄设备为轴心，快速从一个固定场景摇到另一个固定场景。

不同的拍摄运镜手法可以带来不同的拍摄效果和呈现方式，选择合适的运镜方式可以更好地表达拍摄主题和故事。

模块总结

本模块系统介绍了短视频内容策划、脚本撰写、拍摄方面的知识。通过学习掌握短视频内容选题及策划方法，了解短视频脚本撰写的基本要求，掌握短视频拍摄中的景别、构图与光线概念，从而能够结合企业及产品信息进行短视频的选题与内容策划，撰写优秀的短视频脚本，并进行短视频的前期素材拍摄，为下一步的视频剪辑与创作做好准备。

素养提升课堂

用短视频展现黄河之美

张浩，一位 90 后的年轻大学生，曾在繁华的大都市中为自己的梦想拼搏，取得了不俗的成就。然而，随着时间的流逝，他内心深处的呼唤愈发强烈—— 那是对家乡的思念，对黄河流域的热爱。张浩的家乡坐落在黄河下游，那里不仅有着深厚的历史文化底蕴，还有着令人心醉的自然风光。他深知，那片土地是他的根，是他灵感的源泉。于是，他选择放下都市的喧嚣，回归家乡，用镜头捕捉那里的美景，通过视频表达自己对家乡的深情。

张浩的短视频作品聚焦于展现黄河流域的自然风光和历史文化的独特魅力。他从家乡的历史和文化中汲取灵感，通过采访当地居民，聆听他们的故事，将这些故事融入作品中。他的每一个脚本都经过精心打磨，每一个场景、每一次对话都承载着对家乡深沉的感情和对家乡文化的敬意。

在拍摄过程中，张浩运用了他丰富的拍摄技巧，捕捉黄河流域的美景。他巧妙地运用不同的镜头角度和光影效果，展现出家乡的独特魅力。张浩追求完美，对每一个视频都精心雕琢，力求每一个画面都能讲述一个动人的故事，让人们感受到自己家乡之美。

张浩的短视频作品内容丰富、情感真挚、艺术表现力强，在抖音平台上迅速赢得了大量粉丝的喜爱和关注。他与粉丝互动频繁，积极回应评论和私信，建立起良好的互动关系，粉丝的忠诚度和活跃度不断提升。

张浩的创作取得了巨大成功，他的作品也得到了不少知名媒体和机构的推崇和报道。他的短视频作品不仅让更多人看到了黄河流域的美丽和魅力，也激励着更多年轻人回归家乡，关注家乡，为乡村振兴添砖加瓦。他的努力与付出，让家乡之美得以传播，让更多的人了解和关注这片独特的土地。

课后练习

一、选择题

1. 在构图中，（　　）可以利用视觉遮挡，引发观众的好奇心，营造神秘的氛围。

A. 三分构图　　B. 框架构图

C. 留白构图　　D. 引导线构图

2. 下列运动镜头中常用于结束性或结论性的镜头的是（　　）。

A. 推镜头　　B. 拉镜头

C. 摇镜头　　D. 甩镜头

3. 在拍摄方向中，（　　）能够给人思考和联想的空间，能够引起观众的好奇心和兴趣，是短视频开头的一种不错的选择。

A. 前侧面拍　　B. 俯拍

C. 背面拍摄　　　　D. 仰拍

4. 在景别中，（　　）指被摄对象全身形象或者场景全貌的画面，体现事物与人物形象的完整性。

A. 全景　　　　B. 远景

C. 中近景　　　　D. 近景

5. 在拍摄方向中，（　　）指镜头的拍摄方向与被拍摄对象的正面方向成约 45° 夹角，有利于展示景物的立体感与空间感。

A. 前侧面拍摄　　　　B. 后侧面拍摄

C. 背面拍摄　　　　D. 正面拍摄

二、判断题

1. 人设是指通过短视频内容打造的特定人物性格和人物形象。（　　）

2. 甩镜头可以用于表现内容的突然过渡，也可以用于表现事物、时间、空间的急剧变化，营造人物内心的紧迫感。（　　）

3. 顺光拍摄有利于表现被摄主体的立体感和质感，能突出画面中的重点和交代主次。（　　）

4. 拍摄提纲基本上列出了所有可控因素的拍摄思路，仅将人物角色需要执行的内容安排下去，并没有明确地指出每个镜头所需时间、运用的景别和背景音乐等。（　　）

5. 短视频脚本是短视频拍摄的一个小剧本，是为视频拍摄而服务的，是为了更好地执行拍摄以及更好地呈现视频效果。脚本一般包含拍摄主题、拍摄内容、拍摄手法、拍摄景别、拍摄构图、视频字幕、背景音乐等，需要一个完整的脚本文档，统筹具体的拍摄执行。（　　）

模块四　短视频剪辑与发布

情境引入

艾特佳电商公司顺利完成短视频的拍摄工作之后，技术团队成员现在面临着视频剪辑和发布的挑战。运营总监小冉深知，为了满足公司的要求，必须了解各种视频编辑软件的特性，精通各种剪辑技巧，能够利用人工智能技术来提高工作效率，还要在视频发布过程中最大化内容的曝光率和用户参与度。为完成这项任务，下面和小冉一起来学习短视频剪辑与发布吧。

学习目标

知识目标

1. 了解各短视频编辑软件特点；
2. 掌握剪映剪辑的基本功能；
3. 了解 AIGC 生成短视频的方法；
4. 熟悉短视频的发布方法。

技能目标

1. 能够完成短视频后期剪辑的工作；
2. 能够使用 AIGC 生成短视频；
3. 能够完成短视频的发布。

素质目标

1. 培养社会责任意识，发布与传播正能量信息；
2. 短视频作品弘扬奋斗精神、创造精神，培育时代新风新貌；
3. 培养精益求精的工匠精神，弘扬劳动精神。

思维导图

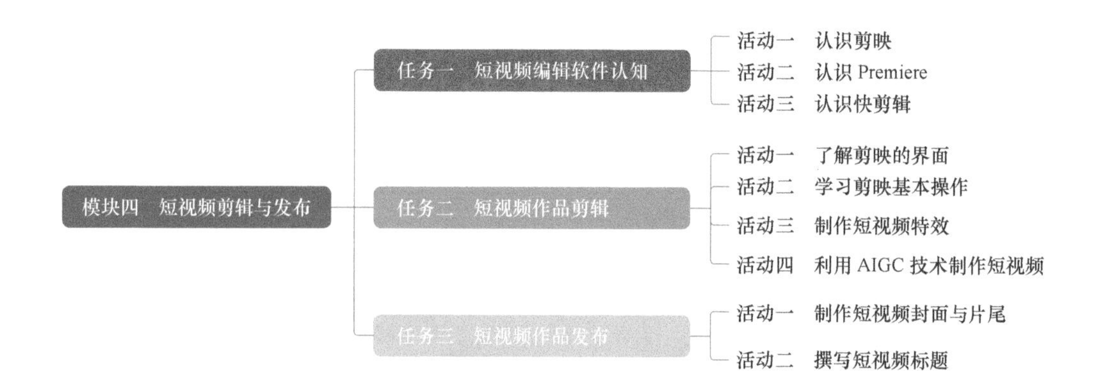

任务一　短视频编辑软件认知

任务描述

百舸争流，博采众长。

通过使用编辑软件，短视频编辑人员可以更高效地制作和编辑短视频，同时实现更好的视觉效果和内容传达。作为公司运营总监，小冉的任务是要全面了解几种常用剪辑软件的特色，选择自己感兴趣的软件进行深入学习，为以后的创作打下基础。

任务实施

活动一　认识剪映

认识短视频编辑软件

剪映是由抖音短视频官方推出的一款手机短视频剪辑 APP，支持直接在手机上对拍摄的短视频进行剪辑和发布。剪映作为当下最火的短视频平台之一——抖音短视频的“兄弟”，是大多数只想拍摄日常短视频记录生活的用户，和想模仿抖音短视频平台上的“炫酷”短视频自行拍摄的用户的不二选择。图 4-1 所示为剪映界面。

图 4-1　剪映界面

剪映支持 iOS 和 Android 两种移动操作系统，具有全面的剪辑功能，支持变速、多样滤镜效果，且拥有丰富的曲库资源，作为短视频剪辑 APP，其测试结果见表 4-1。

表 4-1 剪映作为短视频剪辑 APP 的测试结果

测试项目	测试结果	测试项目	测试结果
模板	多	滤镜	37 种以上
特效	80 种以上	色彩调节	无
字幕样式	多	启动相机	否
背景音乐	添加方便	是否收费	否
转场	39 种以上	水印	可以免费关闭
贴纸	99 种以上		

剪映集合了同类 APP 的很多优点，功能齐全且操作灵活，可以在手机上完成一些比较复杂的短视频剪辑操作，是一款非常全面的短视频剪辑 APP，其主要特点如下：

（1）模板较多。剪映中的模板比较多，而且更新也很快，模板类型除了当前的热门模板外，还有卡点、玩法、情侣、萌娃、质感和纪念日等多种类型，而且制作非常简单，适合新手操作。

（2）音乐丰富且支持抖音曲库。剪映提供了抖音热门歌曲、vlog 配乐和大量各种风格的音乐，用户可以在试听之后选择使用。

（3）自动踩点。剪映具备自动踩点功能，可以自动根据音乐的节拍和旋律对视频进行踩点，用户可根据这些标记来剪辑视频。

（4）操作方便。剪映中的时间线支持双指放大 / 缩小的操作，十分方便。

（5）音视频制作自由方便。剪映的音视频轨道十分自由，支持叠加音乐，内容创作者可以为视频添加合适的音效、提取其他视频中的背景音乐或录制旁白解说。插入的音乐还可以调整音量和添加淡入 / 淡出效果。

（6）调色功能强大。剪映具备高光、锐化、亮度、对比度和饱和度等数十种色彩调节参数，这一功能是很多短视频剪辑 APP 所不具备的。

（7）辅助工具齐备。剪映具备美颜、特效、滤镜和贴纸等辅助工具，这些工具不但样式很多，而且体验效果也不错，可以让剪辑后的短视频变得与众不同。

（8）自动添加字幕。剪映支持手动添加字幕和语音自动转字幕功能，并且该功能完全免费。字幕中的文字可以设置样式、动画。另外，剪辑中的文字层也支持叠加，退出文字选项后这些文字层会自动隐藏，不会影响视频和音频的编辑工作。

（9）关闭 APP 的水印。很多短视频剪辑 APP 都会在制作好的短视频中自动添加水印（指直接嵌入数字载体当中或是间接表示的标识信息），剪映通常会在短视频片尾添加水印，但这个水印可以通过设置关闭，其方法是直接在剪映界面中点击右上角的“设置”按钮，在打开的设置界面中将“自动添加片尾”选项右侧的开关按钮关闭。

此外各大短视频平台为了用户使用的方便，也都纷纷推出适配自己平台的剪辑软件，比如快手平台的快影、微信视频号平台的秒剪等。

活动二　认识 Premiere

Premiere 简称 Pr，是由 Adobe 公司开发并推出的一款视频编辑软件，是视频剪辑爱好者和视频制作专业人士必不可少的视频编辑工具。Premiere 被广泛地运用于电视节目、广告和短视频等视频剪辑制作中，适合电影制作人、电视节目制作人、新闻记者、学生和专业视频制作人员使用。Premiere 提供了采集、剪辑、调色、美化音频、字幕添加、输出等一整套视频剪辑流程，而且能与 Adobe 系列的其他软件配合使用，例如，可以直接通过 After Effects（专业特效编辑软件）中的功能在 Premiere 中打开动态图形模板并进行自定义设置。这些功能足以解决内容创作者在短视频编辑和制作工作中遇到的大部分问题，满足内容创作者完成高质量、有创意的短视频需求。图 4-2 所示为 Premiere 工作界面。

图 4-2　Premiere 工作界面

对需要学习和使用短视频剪辑软件的短视频达人和团队来说，Premiere 是很好的选择。首先，Premiere 能够提升短视频剪辑的创作能力和自由度，其现在已经成为影视和短视频行业中专业剪辑的标配软件。其次，Premiere 的功能较全，而且可以非常细致地调节参数，导出各种格式的高质量短视频，这是很多其他剪辑软件和剪辑 APP 无法实现的功能。

活动三　认识快剪辑

快剪辑是 360 公司推出的国内首款在线智能视频剪辑软件，集合了剪辑、特效、滤镜、配乐等功能，旨在帮助用户快速制作精彩的短视频。快剪辑以其智能剪辑、丰富的特效和滤镜、音乐和音效、文字和贴纸等特点，帮助用户快速制作吸引人的短视频内容，并方便地分享到社交媒体平台。图 4-3 所示为快剪辑工作界面。其特点有以下几点：

（1）智能剪辑。快剪辑通过内置的 AI 技术，可以识别视频中的亮点内容，并自动剪辑为精彩片段，节省用户的剪辑时间和精力。

（2）丰富的特效和滤镜。快剪辑内置了多种特效和滤镜，用户可以轻松地为视频添加动感特效、炫酷滤镜，增强视频的视觉效果，提升观看体验。

（3）音乐和音效。快剪辑提供了丰富的音乐和音效素材供用户选择，可以为短视频添加背景音乐和适合的音效，增加视频的氛围和节奏感。

（4）文字和贴纸。用户可以在视频中添加文字标题、字幕，以及贴纸、贴图等元素，传达信息和增加趣味性。

（5）社交分享。快剪辑支持将制作好的短视频直接分享到主流社交媒体平台，例如抖音、微信等，方便与他人分享和传播。

（6）简单易上手。快剪辑提供了用户友好的界面和操作流程，使得用户可以轻松上手并快速制作和编辑短视频。

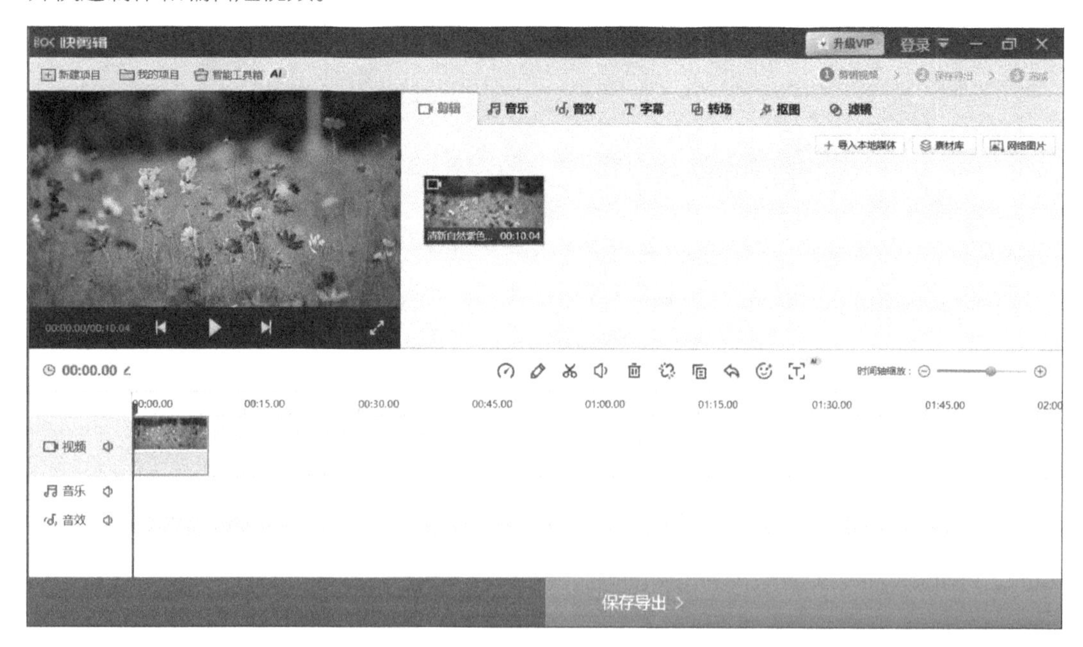

图 4-3　快剪辑工作界面

力学笃行

新手学好短视频编辑的建议

对于刚进入短视频行业的新手，要想加快自己的学习进程，让技能日臻完善，现在给出的一些建议：

（1）找到优秀的同行。寻找一些优秀的短视频编辑者，关注他们的作品和经验分享。

（2）分析和模仿。仔细观察优秀同行的编辑技巧，尝试模仿他们的风格，并应用到自己的作品中。

（3）加入社群或参加培训。参加行业社群、线下交流或培训班，与其他短视频编辑者互相学习和交流。

（4）主动请教和交流。积极向优秀同行请教问题，提出自己的困惑，寻求建议和指导。

（5）实践和反思。不断实践，将所学的编辑技巧应用到实际操作中，并随时反思、总结和改善自己的作品。

通过向优秀的同行学习，不断实践和反思，可以加快学习进程，让自己的短视频编辑技巧日臻完善。

任务二　短视频作品剪辑

任务描述

聚沙成塔，小事成大。

艾特佳电商公司前期拍摄了大量的短视频素材，运营总监小冉的任务是利用短视频的编辑软件，将小的素材加以选取与组接，并运用各种编辑技巧和 AIGC 技术，最终创作出一个内容连贯、主题鲜明、富有感染力短视频作品。下面以剪映为例进行介绍。

任务实施

活动一　了解剪映的界面

下面介绍剪映的界面，让大家对剪映有初步的认识。

（1）打开剪映，点击界面中的“开始创作”，从相册中导入素材进行创作，如图 4-4 所示。

（2）图 4-5 所示为视频编辑界面，包括“剪辑”“模板”“图文”“云备份”等。

图 4-4　界面中的“开始创作”

图 4-5　视频编辑界面

（3）点击“管理”，可以单个删除或者批量删除草稿箱中的视频，如图 4-6 所示。

（4）点击界面右上角的“设置”按钮，进入如图 4-7 所示的“设置”界面，此界面包括自动备份设置、意见反馈、用户协议、隐私条款等信息。

图 4-6　管理本地草稿

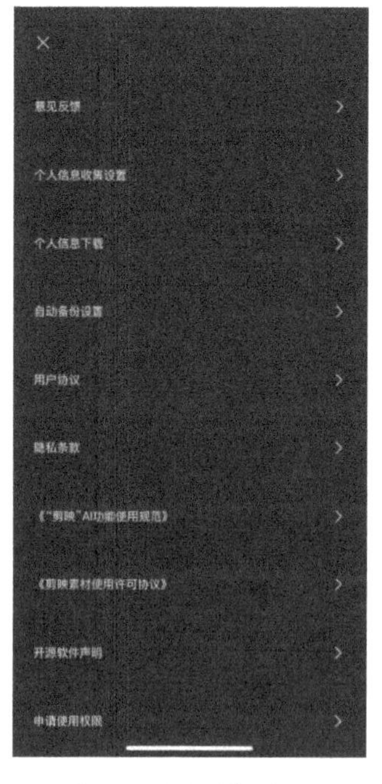

图 4-7　“设置”界面

（5）点击“开始创作”导入短视频后，进入视频编辑界面。

活动二　学习剪映基本操作

剪映可以轻松制作各种酷炫的短视频，功能非常强大，本节就介绍如何使用剪映进行短视频剪辑。

1. 调整短视频的时长

调整短视频的时长

下面介绍如何使用剪映调整短视频的时长，具体操作步骤如下。

（1）打开剪映，点击“开始创作”，如图 4-8 所示。

（2）选择想要剪辑的短视频，点击底部的“添加”按钮，如图 4-9 所示。

图 4-8　界面中的“开始创作”

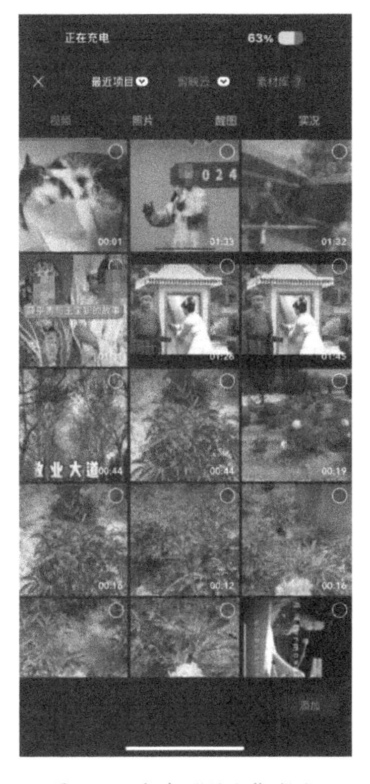

图 4-9　点击“添加”按钮

（3）短视频导入成功后即可进入短视频编辑界面，点击视频轨道，此时最下方的工具栏区域会显示各种视频编辑功能。

（4）滑动视频轨道，使想要作为视频起点的画面对准白色竖线，点击下方工具栏中的“分割”。同样，把想要作为视频终点的画面对准白色竖线，点击界面下方工具栏中的“分割”。这样就把视频调整至需要的时长了，如图 4-10 所示。

（5）如果刚才剪辑的视频的起点和终点需要调整，可以点击视频轨道，这时会看到视频的首尾出现可拖动的滑块。

（6）拖动视频起点或终点的滑块就可以重新调整要保留的部分了，如图 4-11 所示。

图 4-10　点击“分割”

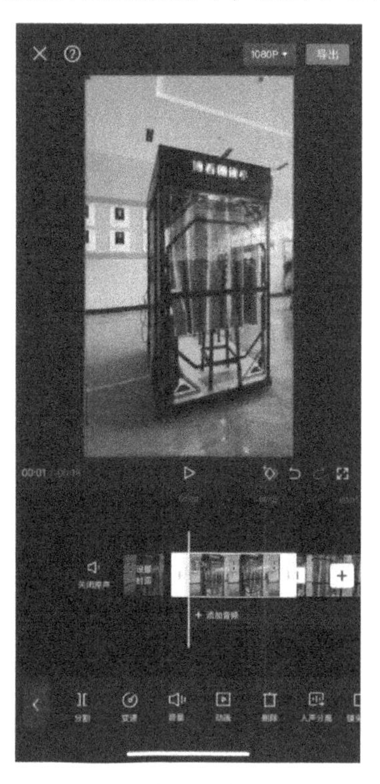

图 4-11　调整视频起点和终点

2. 添加多个轨道

用剪映剪辑短视频时，有时会添加不同的轨道。下面讲述如何用剪映添加多个轨道，具体操作步骤如下。

添加音乐和歌词

（1）打开剪映，导入短视频。

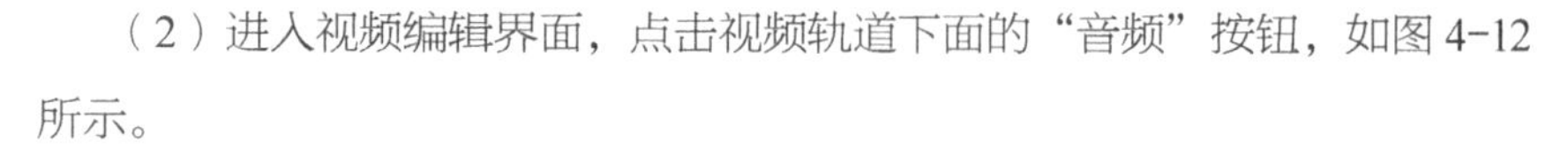

（2）进入视频编辑界面，点击视频轨道下面的“音频”按钮，如图 4-12 所示。

（3）点击底部的“音乐”，如图 4-13 所示。

（4）进入“音乐”界面，选择想要添加的音乐，点击音乐后面的下载按钮后点击“使用”，即可添加音乐，如图 4-14 所示。

（5）点击底部最左侧的返回图标回到上一界面，点击“文本”按钮，进入文本编辑界面，下方有新建文本、添加贴纸、文字模板、识别字幕以及识别歌词等选项，点击“识别歌词”，如图 4-15 所示。

（6）点击“开始识别”，歌词识别成功后，即完成了添加歌词轨道。

（7）在工具栏中点击“特效”还可以添加特效轨道，如图 4-16 所示。

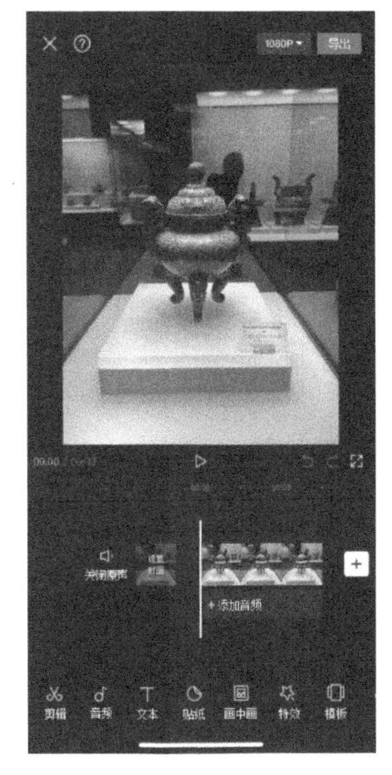

图 4-12　添加音频

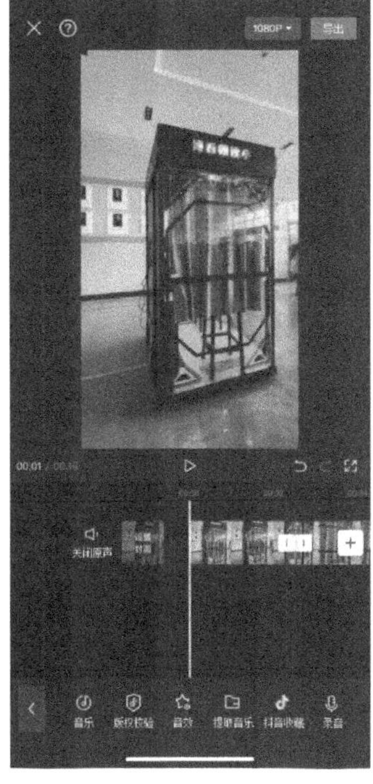

图 4-13　点击底部的“音乐”

图 4-14　点击音乐后面的“使用”

图 4-15　识别歌词

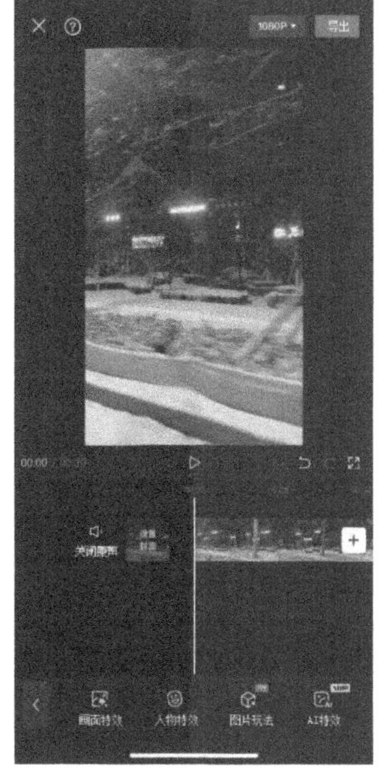

图 4-16　添加特效

音频、特效可以分布多条轨道，从而实现同时添加多个音频、多种特效，为短视频带来不一样的效果。

注意：在短视频平台上添加的音乐和视频作品需要取得相应的授权，否则会造成侵权行为。平台应与版权机构合作，对上传的音乐作品进行版权认证，确认每一首音乐作品的版权来源并进行授权。

3. 添加贴纸

添加贴纸

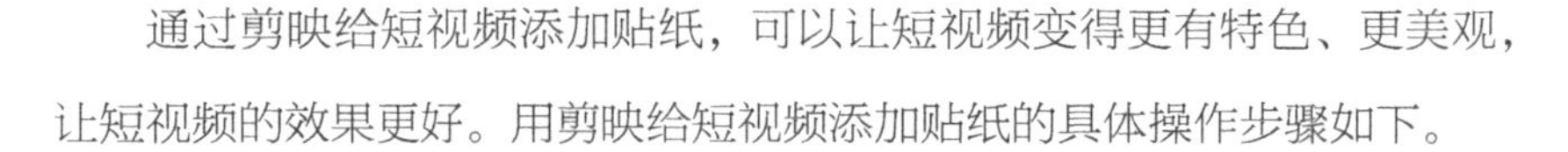

通过剪映给短视频添加贴纸，可以让短视频变得更有特色、更美观，让短视频的效果更好。用剪映给短视频添加贴纸的具体操作步骤如下。

（1）打开剪映，导入短视频，点击界面底部的“贴纸”，如图 4-17 所示。

（2）界面中有很多贴纸的分类，先点击图片图标，添加手机里的照片作为贴纸。

（3）在弹出的界面中选择想要添加的照片，这样就将照片添加到视频中作为贴纸了，如图 4-18 所示。

图 4-17　点击“贴纸”

图 4-18　添加贴纸

（4）可以缩放、移动照片，以达到最佳效果。还可以在“贴纸”中选择其他贴纸，点击相应的贴纸即可将其添加到短视频中。

4. 更改字幕的大小和位置

更改字幕的大小和位置

使用剪映更改字幕大小和位置的具体操作步骤如下。

（1）打开剪映，导入短视频，点击界面底部的“文本”按钮。

（2）点击“新建文本”，如图 4-19 所示，此时视频中会显示“输入文字”。输入文字“趵突泉水”，如图 4-20 所示。

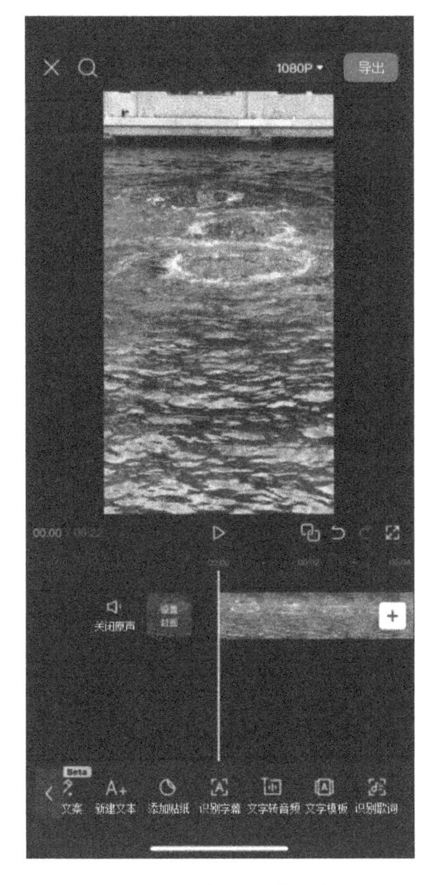

图 4-19　点击“新建文本”

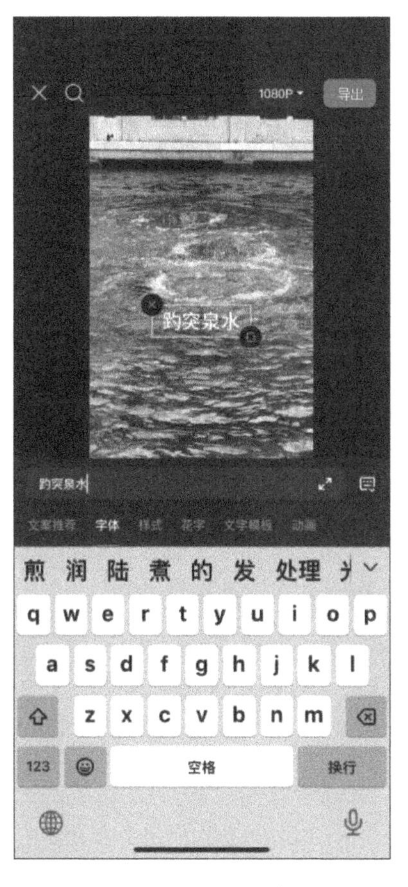

图 4-20　输入文字

（3）为输入的文字设置字体、颜色等，如图 4-21 所示。

（4）按住并滑动视频中文字框右下角的图标，即可扩大或缩小字幕，如图 4-22 所示。

（5）按住视频中文字框，左右拖动即可更改字幕的位置。

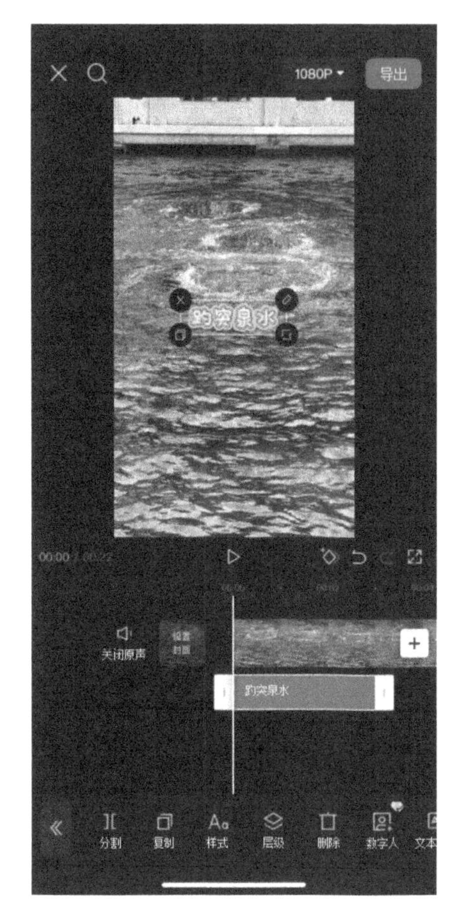

图 4-21 设置字体、颜色等

图 4-22 扩大字幕

5. 调整短视频的播放速度

如果想将短视频的播放速度放慢或加快，应该怎么操作呢？以下为使用剪映调整短视频播放速度的具体操作步骤。

（1）打开剪映，导入短视频，点击界面底部的“剪辑”，进入剪辑界面，如图 4-23 所示。

（2）点击底部的“变速”，以调整常规变速为例，点击“常规变速”，进入变速的界面，左右拖动红色圆圈或直接点击播放倍数，即可调整视频的播放速度，调整后点击“√”，如图 4-24 所示。

（3）如果想调整曲线变速，点击“曲线变速”后，在弹出的界面中选择需要的变速类型即可，调整后点击“√”，如图 4-25 所示。

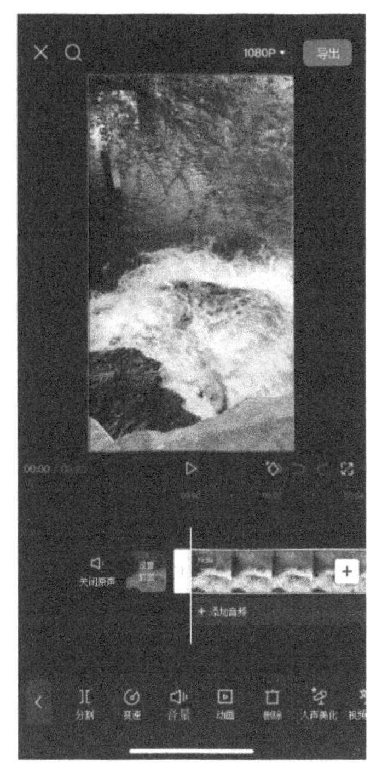

图 4-23　剪辑界面

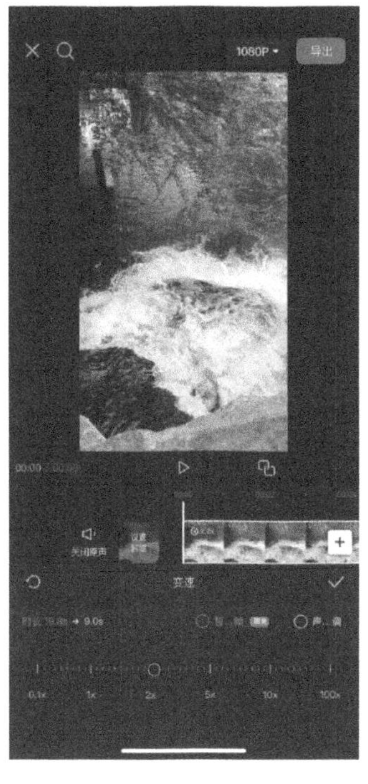

图 4-24　设置“常规变速”

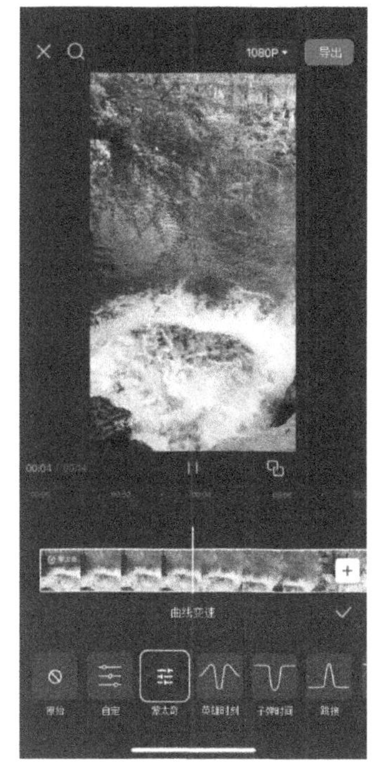

图 4-25　设置“曲线变速”

6. 设置短视频的分辨率

在使用剪映编辑短视频时，常常会遇到分辨率不理想的问题，怎样设置短视频的分辨率以及怎么把分辨率提高呢？具体操作如下。

（1）打开剪映导入短视频，如图 4-26 所示。

（2）点击界面右上角的设置分辨率，进入图 4-27 所示设置分辨率的界面，左右拖动滑块以设置短视频的分辨率，设置完成后点击“导出”。

（3）界面提示正在导出，如图 4-28 所示。

（4）导出完毕，点击界面底部的“完成”即可。

7. 调整短视频的顺序

在剪辑多段短视频的时候，有时为了取得更好的效果，需要调整几段短视频的顺序。怎样调整短视频的顺序呢？具体操作步骤如下。

（1）打开剪映，导入两段短视频，如图 4-29 所示。

（2）长按其中一段短视频并左右滑动，便可以调整短视频的顺序了，如图 4-30 所示。

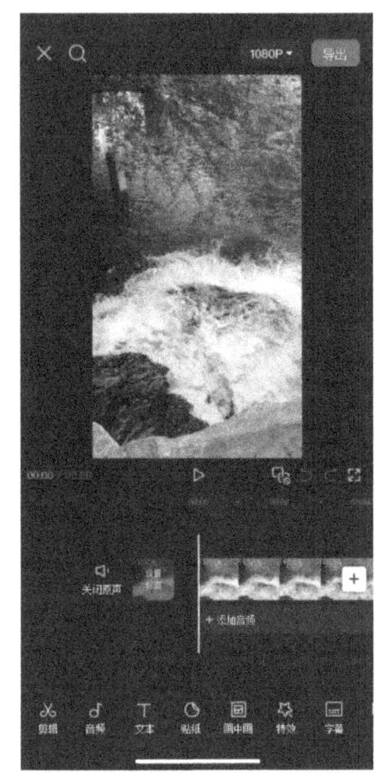

图 4-26　导入短视频

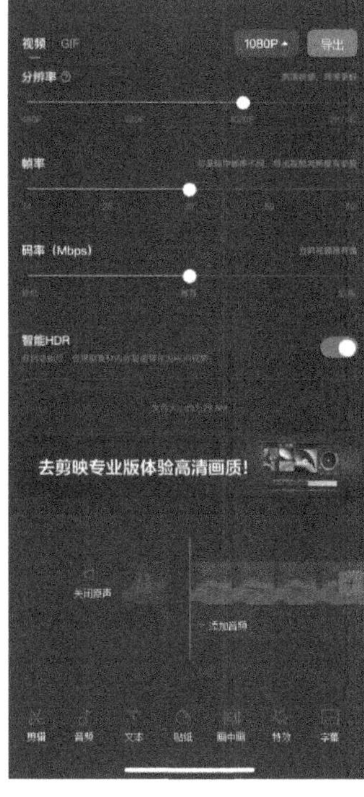

图 4-27　设置分辨率的界面

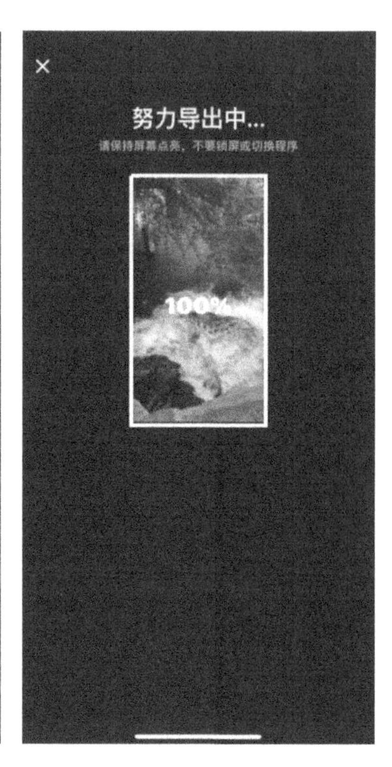

图 4-28　导出短视频

图 4-29　导入两段短视频

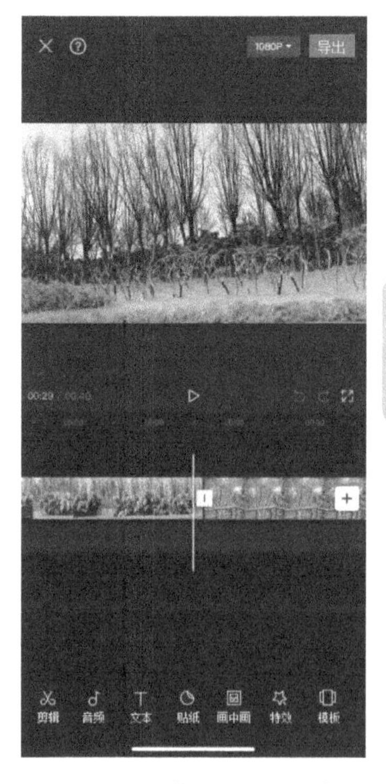

图 4-30　调整短视频的顺序

短视频
转场效果

力学笃行

新手剪辑六步法

第一步，建立主题文件夹。一条视频对应一个文件夹，避免混淆。

第二步，添加素材。把需要的视频、图片、文案、音乐等素材都添加到建好的文件夹中。

第三步，素材筛选和分类。查看所有素材，结合视频主题筛选出需要的素材，做好分类和命名，其余素材备用。

第四步，粗剪。按照脚本把素材添加到剪辑软件中，建立初步的结构，核查时长。这一步要做到结构完整、时长合适。

第五步，精剪。对视频内容、节奏、文案、音乐等细节进行调整，反复修改，一定要有耐心，确保视频质量。

第六步，导出。剪辑完成后就可以导出视频了，这一步最重要的就是设置清晰度。

活动三 制作短视频特效

剪映为广大用户提供了各种丰富的特效，下面介绍使用剪映给短视频添加特效的方法。

1. 应用变声特效

应用变声特效

下面介绍如何使用剪映为短视频应用变声特效，具体操作步骤如下。

（1）打开剪映，导入短视频，点击底部的“剪辑”按钮，进入剪辑界面，如图 4-31 所示。

（2）点击剪辑界面底部的“变声”，进入变声界面，如图 4-32 所示。

（3）界面底部会出现多种变声特效选项，如大叔、萝莉、女生、男生等。根据需要点击变声特效，如点击“萝莉”，再点击右下角的“√”即可，如图 4-33 所示。

2. 制作倒放短视频

抖音上经常能看到一些非常有意思的倒放短视频，这种视频给人制造一种视觉上的错觉，非常有趣。下面介绍倒放短视频的制作，具体操作步骤如下。

（1）打开剪映，导入短视频，点击底部的“剪辑”，进入剪辑界面，如图 4-34 所示。

（2）点击底部的“倒放”，界面上会弹出提示框，提示“倒放中”，如图 4-35 所示。

（3）倒放成功后，点击右上角的“导出”即可。

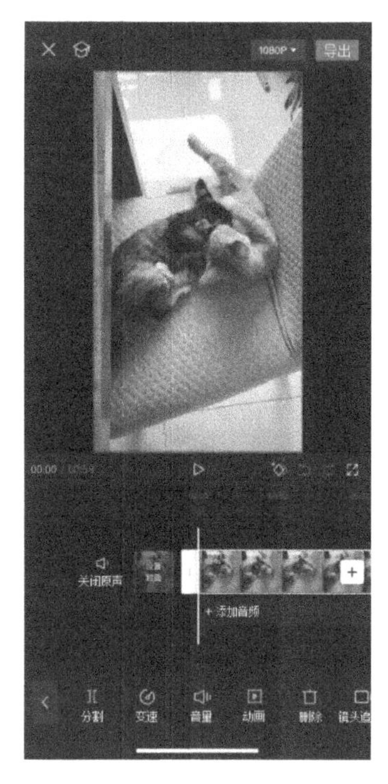

图 4-31　剪辑界面

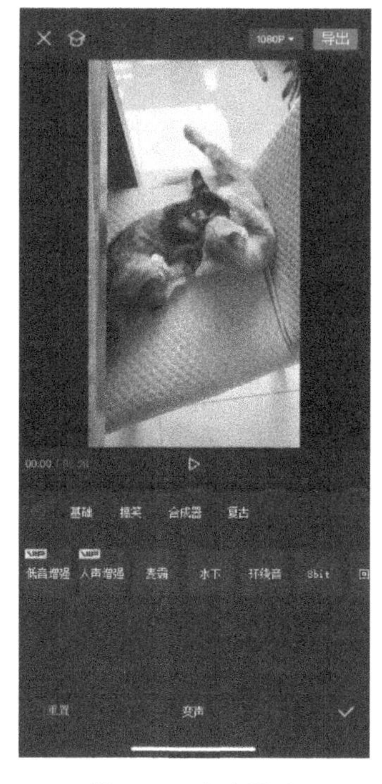

图 4-32　变声界面

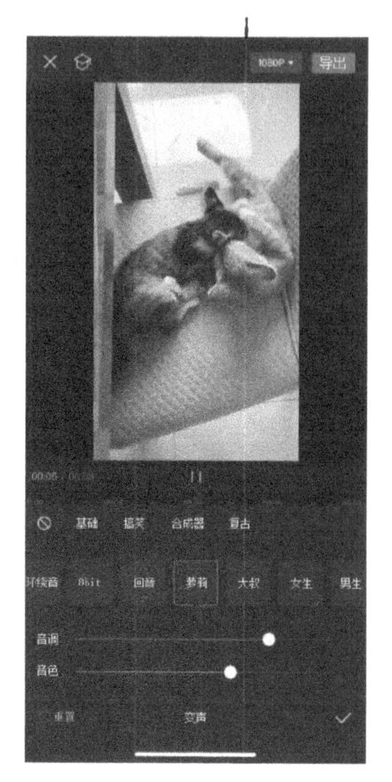

图 4-33　选择变声特效

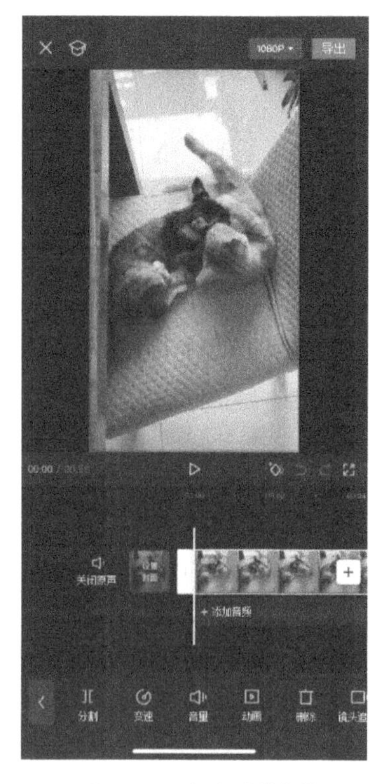

图 4-34　点击“剪辑”

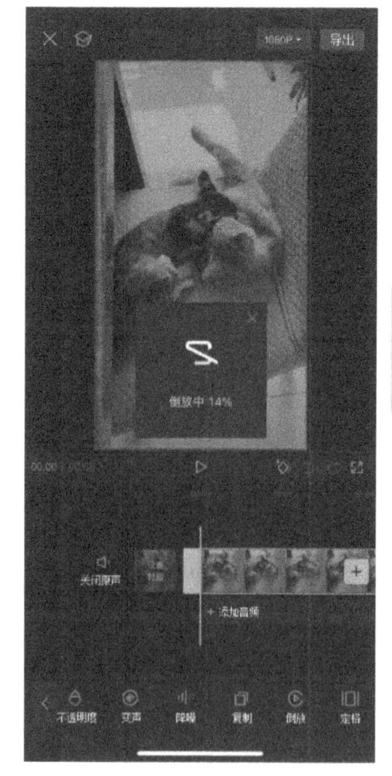

图 4-35　点击“倒放”

制作倒放短视频

3. 更改短视频的比例

下面介绍如何使用剪映更改短视频的比例，具体操作步骤如下。

（1）打开剪映，导入短视频，点击底部的“比例”，进入比例界面，如图 4-36 所示。

（2）在出现的界面中，可选的比例有 9:16、16:9、1:1、4:3、2:1 等，如图 4-37 所示，选好比例后再点击右下角的“√”即可。

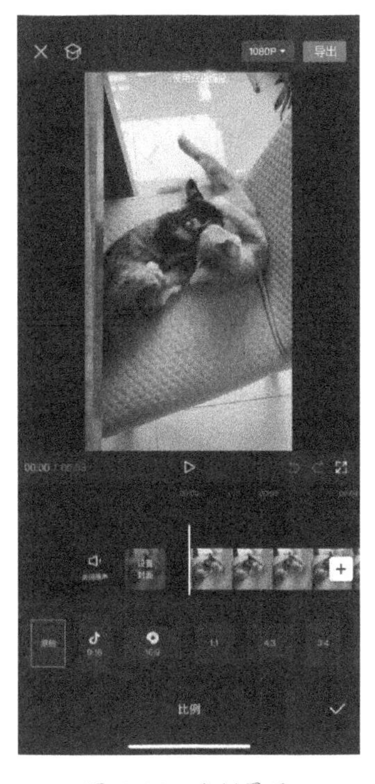

图 4-36　比例界面

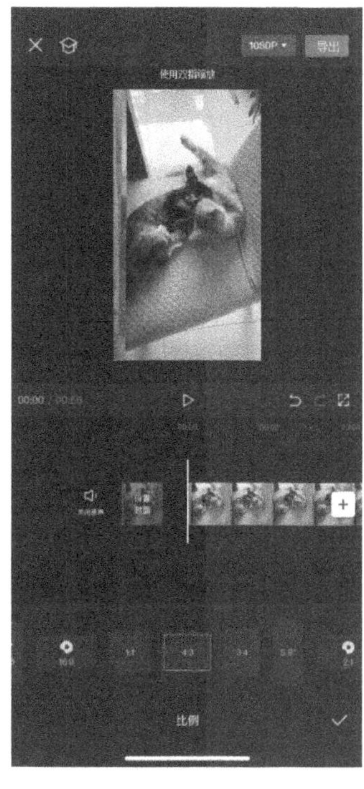

图 4-37　设置比例

更改短视频比例

4. 应用渐渐放大特效

下面介绍如何使用剪映为短视频应用渐渐放大特效，具体操作步骤如下。

（1）打开剪映，导入短视频，点击底部的“特效”，进入特效界面，如图 4-38 所示。

（2）点击“基础”中的“镜头变焦”，如图 4-39 所示。这样就为短视频应用了渐渐放大特效，点击“√”完成应用。

5. 添加花字

有趣的内容加上适当的花字，可以让短视频更加生动有趣，具体操作步骤如下。

（1）打开剪映，导入短视频，点击底部的“文本”，进入文本界面，如图 4-40 所示。

（2）点击底部的“新建文本”，此时视频中会显示“输入文字”，如图 4-41 所示。

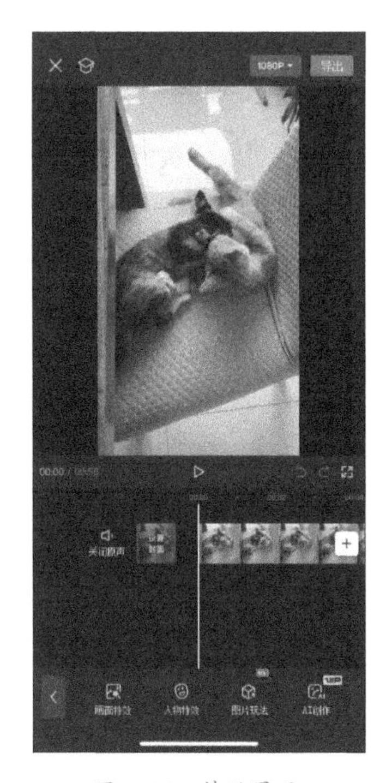

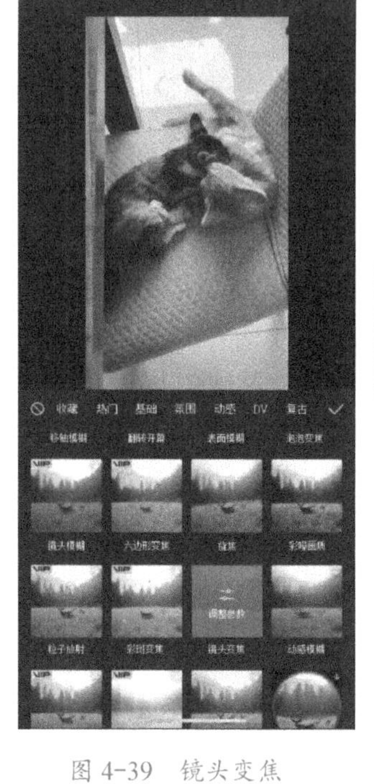

图 4-38　特效界面　　　　图 4-39　镜头变焦

应用渐渐放大特效

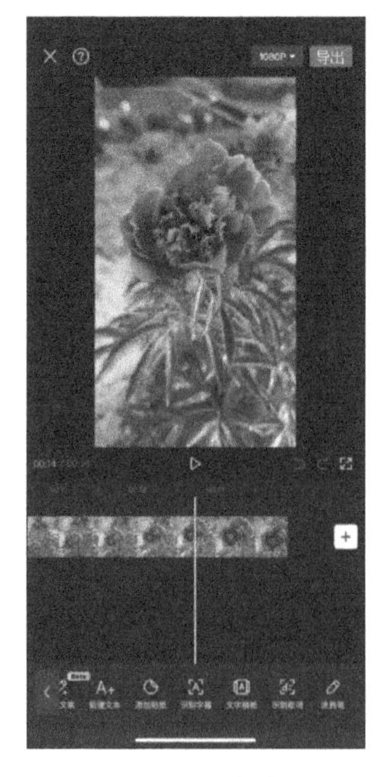

图 4-40　文本界面　　　　图 4-41　新建文本

添加花字

（3）输入文字“国色天香”，如图 4-42 所示。

（4）点击“花字”，在出现的界面中选择一种喜欢的花字样式，然后点击“√”完成应用，如图 4-43 所示。

图 4-42　输入“国色天香”文字

图 4-43　选择花字样式

德技并修

短视频平台未经授权擅自上传热门歌曲供用户录制短视频使用构成侵权

【基本案情】

原告 A 公司经授权取得某网络热门歌曲的信息网络传播权。被告 B 公司运营的短视频平台未经原告授权，擅自将该歌曲上传至平台曲库供用户拍摄短视频时使用。最终，该平台中有 37.7 万个短视频使用了该歌曲。同时，这些短视频还可以被播放、点赞、评论、分享、下载，具有拍同款、付费推广等功能，又约有 19.5 万个作品使用了上述这些用户上传的短视频。原告认为，被告的行为严重侵犯了原告对该歌曲享有的信息网络传播权，具有主观恶意，请求法院判令被告赔偿原告经济损失。

【裁判要点】

一、短视频平台未经授权上传权利人歌曲，构成直接侵权

被告未经原告许可，将涉案网络歌曲上传至短视频平台曲库，置于信息网络中，使平台用户能够在个人选定的时间和地点任意使用该歌曲录制短视频，侵害了原告享有的信息网络传播权，应当承担赔偿损失的侵权责任。

二、网络用户利用短视频平台擅自上传使用他人歌曲录制的短视频并传播的，短视频平台构成间接侵权

结合短视频的音乐使用模式，短视频平台应当能够合理地认识到网络用户会使用短视频平台

曲库的歌曲录制短视频并上传，且这些短视频又可被其他用户点赞、使用、下载等，进而扩大涉案歌曲的传播范围，短视频平台应当具有更高的注意义务，却未采取必要措施加以预防，主观上具有过错。因此，对于网络用户使用涉案歌曲并录制、上传短视频的行为，在短视频平台未提供证据证明其无过错的情况下，构成帮助侵权，应当承担相应的侵权责任。

【裁判结果】

一审判决被告赔偿原告相应经济损失。

二审判决驳回上诉，维持原判。

活动四　利用 AIGC 技术制作短视频

剪映软件推出的六大 AI 功能，给创作者带来了巨大帮助，而且操作起来也比较简便。下面来学习一下。

AI 作图

1. AI 作图

剪映是一款功能强大的视频编辑软件，它不仅可以用于视频编辑，还具备 AI 作图的功能。进入 AI 作图功能后，会看到一个输入框，在这里输入希望生成图片的关键词。例如，输入关键词“树木，蓝天，鸟，小猫，追逐”，如图 4-44 所示。

图 4-44　AI 作图

2. 图文成片

（1）打开剪映，点击上方“图文成片”选项，进入图文成片界面，如图 4-45 所示。

（2）在“智能写文案”下选择想要的主题，输入关键词，生成文案，如图 4-46 所示。

（3）点击“生成视频”，成品如图 4-47 所示。

3. 营销成片

（1）打开剪映，选择“营销成片”选项，进入营销推广视频界面，如图 4-48 所示。

（2）导入素材，并写出产品名称及产品卖点，如图 4-49 所示。

（3）生成五个营销视频，如图 4-50 所示。

AI 营销成片

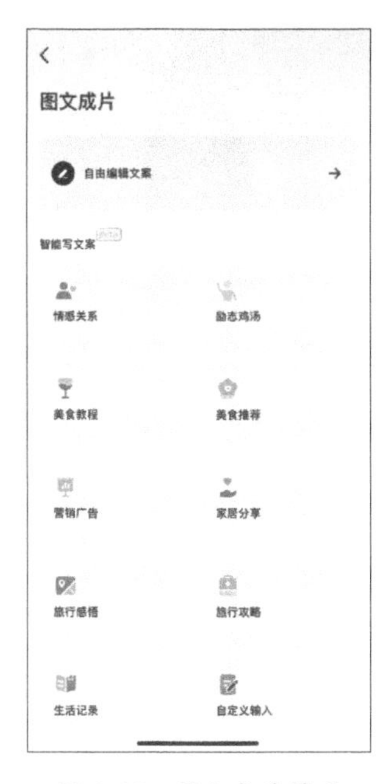

图 4-45　图文成片界面

图 4-46　生成文案

图 4-47　生成视频

图 4-48　营销推广视频界面

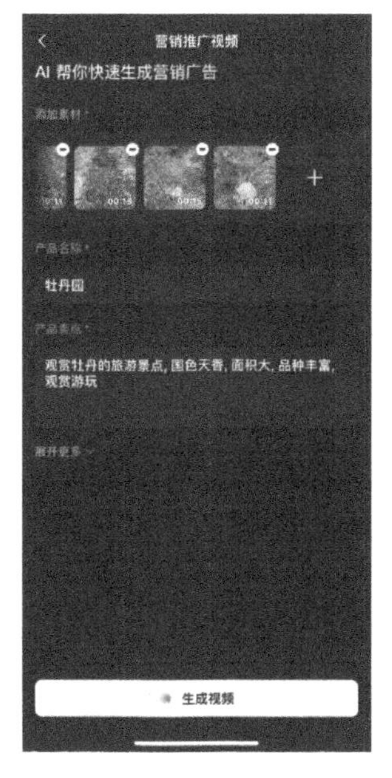

图 4-49　导入素材

图 4-50　生成营销视频

4. 智能抠图

（1）打开剪映，选择“智能抠图”选项。

（2）在图片库中选择一张图片，点击“编辑”进行抠图，如图 4-51 所示。

（3）在抠图页面点击右上角“去编辑”，界面如图 4-52 所示。

智能抠图

（4）完成想要的编辑操作后，点击“导出”，图片导出成功，如图 4-53 所示。

图 4-51　进行抠图

图 4-52　编辑界面

图 4-53　导出图片

5. AI 商品图

AI 商品图

（1）进入剪映 AI 特效界面。

（2）导入产品图片。

（3）选择一个 AI 背景预设，如图 4-54 所示。

（4）导出，生成 AI 商品图如图 4-55 所示。

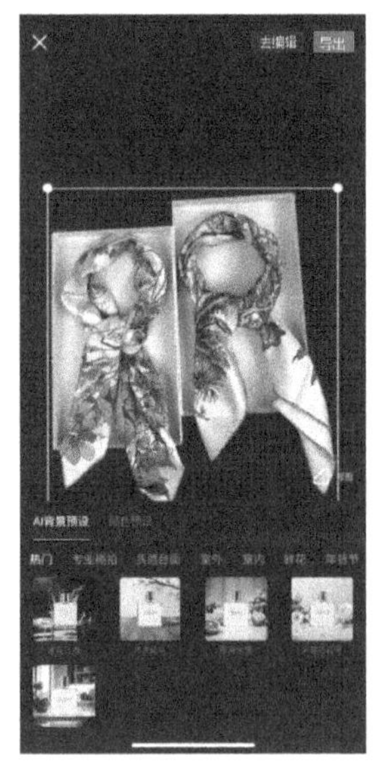

图 4-54　AI 背景预设

图 4-55　生成 AI 商品图

6. 声音克隆

AI 声音克隆

（1）在剪映上传素材后点击“音频”，界面如图 4-56 所示。

（2）点击“克隆音色”，如图 4-57 所示。

（3）生成例句后进行录制，生成音色，如图 4-58 所示。

（4）导出即可。

图 4-56　音频界面

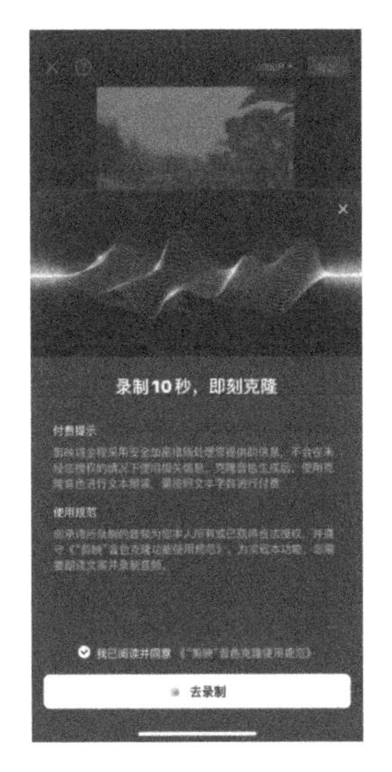

图 4-57　克隆音色

图 4-58　音色生成

任务三　短视频作品发布

任务描述

先人一步，脱颖而出。

除了精良的内容制作，短视频的发布策略也是至关重要的。运营总监小冉接下来的任务是为短视频作品添加吸引人的封面和精心设计的片尾，撰写引人注目的标题，以便更好地发布短视频并实现广泛传播。

任务实施

活动一　制作短视频封面与片尾

封面和片尾是短视频中非常重要的元素，它们可以在很大程度上影响观众的观看体验和交互行为。因此，在制作短视频时，创作者应该注重设计精美的封面和具有吸引力的片尾，以提升短视频的吸引力和专业感，吸引更多观众观看和关注。

1. 短视频封面的制作

制作短视频封面

短视频封面是视频的第一印象，是吸引观众点击观看的关键。一个吸引人的封面可以提高视频的点击率，吸引更多的观众观看视频。短视频的片尾是视频的结束部分，可以加强短视频的完整性，提升用户体验，同时也可以在视频结束时为观众提供更多有用的信息或推荐内容。

（1）短视频封面的作用。在平台运营审核人员挑选可以被重点扶持的短视频时，标题和封面成为决定短视频是否可以展现给用户的重要标准。

封面能够帮助用户快速检索短视频内容，从而找到他想看的短视频。经过大量的数据统计分析，当用户点击进入个人短视频主页时，视频封面更好看的账号，会吸引用户产生多次点击的欲望（播放量增加），并且能够提高用户的关注量（粉丝量增加）。

一个好的短视频封面可以提高视频的点击率和关注量。

（2）短视频封面的要求。抖音平台的短视频封面虽然相比长视频平台来说没有那么重要，但也要按照要求来制作，具体要求如下：

1）尺寸要求：建议图片比例为 16:10 或 3:4 比例的高清图片。

2）内容要求：图片应当与短视频内容相关，能够吸引观众注意力。可以选择视频中精彩的画面或与视频相关的文字，在图片中体现出来。

3）不允许的内容：禁止使用涉及政治、色情、低俗等违法、违规、不良的内容作为封面。

（3）优质短视频封面的要点。

1）突出重点。如果短视频中有非常吸引人眼球的画面，可以直接选择那一帧图片作为封面。图 4-59 所示为突出重点账号封面设计。

图 4-59 突出重点账号封面设计

2）文字精简。如果视频没有适合做封面的画面，可以单独制作一张封面。可以“图片 + 文字”的形式，文字一定要精简，有重点更好。封面的文字描述并不是解释视频的内容，而是给用户一个点击该视频的理由，方便用户筛选视频，能准确地浏览到自己喜欢的内容。

图 4-60 所示为文字精简账号封面设计。

3）统一风格。如果视频内容很接地气或者是同系列内容，可以采用统一风格。这样的封面制作起来简单易上手，也可以加深用户记忆，打造账号风格。图 4-61 所示为统一风格账号封面设计。

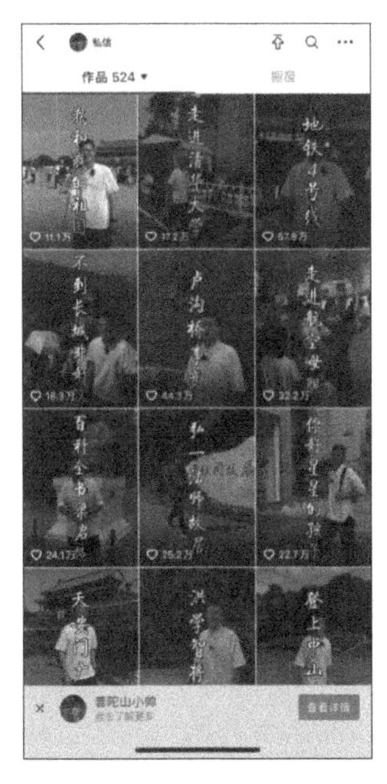

图 4-60　文字精简账号封面设计

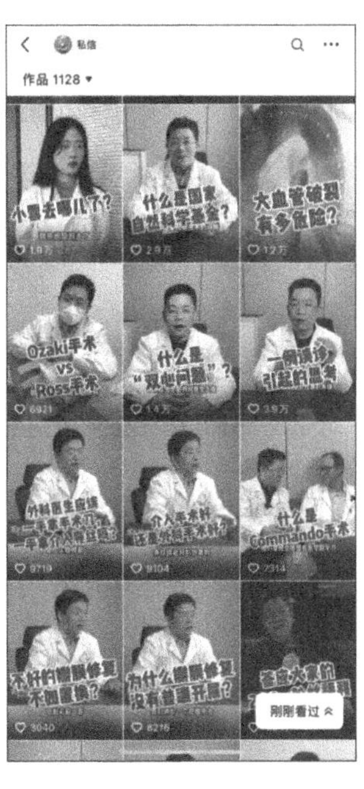

图 4-61　统一风格账号封面设计

（4）短视频封面制作方法。

1）从剪映软件本身去寻找添加封面的功能。在手机上打开剪映软件后，点击“新建项目”，在弹出的界面中，可以看到“封面”一栏。在设计封面时，可以点击“封面”右侧的“编辑”按钮，然后选择图片或者导入图片进行编辑。剪映提供了多种编辑功能，如裁剪、滤镜、文本等，可以根据个人喜好进行调整，最后点击“确定”保存即可。此时，制作的封面就会被自动添加到作品的开头。图 4-62 所示为利用剪映制作封面。

图 4-62　利用剪映制作封面

2）借助第三方软件来为作品添加封面。在剪映完成视频剪辑后，导出视频，并将视频文件转移到计算机上。然后在计算机上使用图片编辑软件，如 Photoshop、Canva 等，打开视频文件并从中选择合适的画面作为封面。在编辑软件中，可以对选中的画面进行进一步的编辑，如调整亮度、对比度、饱和度等。编辑完成后，将封面图片保存，并将其导入到剪映软件中，作为作品的封面。

2. 短视频片尾制作

有头有尾的短视频才能是完整的短视频。短视频片尾，即在短视频内容结束之后附加的一段信息内容，它通常涵盖了制作者信息、品牌标志、联系方式等要素。

（1）短视频片尾的作用见表 4-2。

表 4-2　短视频片尾的作用

名称	作用
身份与品牌展示	短视频片尾的首要作用是向观众明确展示制作者的身份和所属品牌。通过片尾信息的呈现，观众能够更深入地了解创作者的背景和专业领域，进而对其创作产生更深的认识和兴趣
观众印象与群体建设	短视频片尾还承担着为下一部作品预留印象的任务。一个精心设计的片尾可以在观众心中留下深刻印象，激发他们对未来作品的期待和好奇
品牌曝光与知名度提升	短视频片尾的另一重要作用在于增加品牌的曝光率。通过在片尾中反复呈现品牌标志、口号等关键信息，创作者能够有效地将自己的品牌理念传播给更广泛的观众群体，进而提升品牌的知名度和影响力

（2）短视频片尾应该包括以下信息：

1）制作人的名字。

2）制作人的联系方式，如电子邮件、电话号码或社交媒体账号。

3）品牌标识，如商标或标志。

4）版权信息，如音乐或图像的来源。

（3）制作短视频片尾制作步骤：

1）选择适合的片尾模板：首先在剪映中选择适合的片尾模板，可以在剪映的模板库中找到各种风格和样式的片尾模板。

2）编辑片尾内容：根据需要编辑片尾内容，可以包括创作者的个人信息（如昵称、微信号、其他社交媒体账号等）、相关推荐视频、特别留言等。

3）调整字体和颜色：可以根据视频风格和个人喜好调整字体样式、大小、颜色等，确保文字清晰易读并与视频风格相匹配。

4）添加动画效果：为了增加视觉效果，可以在片尾内容上添加一些动画效果或过渡效果，使片尾更具吸引力。

5）调整时间和位置：确保片尾的展示时间适中，不能太短或太长，一般在几秒到十几秒之间。同时，调整片尾的位置，让其出现在视频结束时并自然过渡。图 4-63 所示为短视频片尾。

6）预览和保存：在编辑片尾后，预览整个视频，确保片尾与视频内容的连贯性和和谐性，最后保存并导出短视频。

通过以上步骤，就可以轻松制作出一个具有吸引力和专业感的短视频片尾，提升短视频内容的完整性和交互体验。

图 4-63 短视频片尾

活动二 撰写短视频标题

标题在短视频发布中是一个很重要的元素，用于吸引用户观看短视频。标题的好坏，往往会影响到短视频的播放量。下面通过标题的作用、取标题的要点和取标题过程中的注意事项三个角度介绍短视频标题。

1. 标题的作用

一个好的短视频标题往往会有如下作用：

（1）引发用户讨论。好的短视频标题往往会引起用户的讨论，从而使该短视频的评论数量大幅提升。常见引发讨论的标题包括提问类、设置场景类、讲故事类等，例如某个短视频的标题是“输入 an 是我想对你说的话”，评论中就有很多人对这个标题进行了回应，提问“是不是‘安’”“俺？”“我猜是爱你”等，这就引起了用户之间的讨论。

（2）获得更多曝光量。短视频能否获得大量曝光，往往与平台的算法密切相关，而标题中的关键词就是算法中会加入计算的一项，因此好的标题可以通过关键词引来更多的曝光量。例如某个短视频的标题是“脑洞大开的漫威片段”，其中“漫威”是一个有很高关注度的词，在算法中权重较高，因此该短视频获得了较多的曝光量。

（3）引导用户动作。短视频能否成为爆款和其发布之初的数据有关，运营者往往会在标题中加入引导用户完成某些动作的内容，从而提高某项数据，因此一个好的短视频标题往往有引导用户进行某些动作的作用。例如某个短视频的标题中包含“最后结局你绝对想不到”，就能吸引很多用户观看结局，从而引导用户完成“看完整个短视频”的动作。

2. 取标题的要点

在取标题的时候，除了标题应该要贴合短视频内容外，运营者还需要结合以下三个要点，以提高标题的吸引力。

（1）标题符合用户属性。在优秀的短视频标题中，往往都有符合该账号用户属性的词语。运营者可以根据用户画像中的标签，来匹配对应的标题内容，例如对于宝妈这一类的用户，可以在标题中加入“你的宝宝”；对于学生群体，则可以在标题中加入“开学”“社团”等具有明显校园气息的词。

（2）标题切中用户需求。标题能切中用户需求是最直接吸引用户观看的手段。例如对于想减重的用户群体，在标题中添加“好吃、有效的代餐”的话术；对于想要考公务员的用户群体，在标题中添加“考公须知”的话术。运营者要通过研究用户喜好、进行用户调研等方式获取用户的需求，从而使标题能更好地切中用户需求。

（3）标题能够引起用户情感共鸣。标题如果引起用户情感共鸣，就能让用户感同身受，用户往往会为这个短视频点赞并转发短视频，因此运营者要尽可能让短视频的标题能够引起用户的情感共鸣。

3. 取标题过程中的注意事项

在取标题的过程中，运营者还需要注意以下几点：

（1）标题贴合短视频本身。标签一定要和短视频本身贴合，如果标签和短视频关系不密切，就很有可能会被短视频平台降权，使其曝光量降低。例如某个短视频内容是制作“软炸虾球”，标签却是“羊肉米线”，就是典型的标签不贴合短视频本身的案例。

（2）关键词精准化。运营者在选择关键词时要尽可能精准，尽量减少使用过于宽泛的词。例如家居领域的短视频采用“服务业”关键词就过于宽泛，可以细分到“装修”。

（3）标签尽可能贴合热点。短视频的标签在一定程度上类似于微博的“话题”，热点发生时往往都伴随着几个标签，这些标签就会携带大量的曝光度，使用这些标签的短视频往往就会有更高的播放量。

力学笃行

短视频标题要抓住用户的好奇心

按照心理学理论，好奇心是个体遇到新奇事物或处于新的外界条件下所产生的注意、操作、提问的心理倾向，表现为特别注意、想要一探究竟。只要标题能够抓住用户的好奇心，就能抓住让用户在海量的短视频中点开你的短视频一探究竟的机会。例如疑问型、热点型、数字型、悬念型、故事型等标题的主要特点就是能抓住用户的好奇心，引导用户观看短视频。

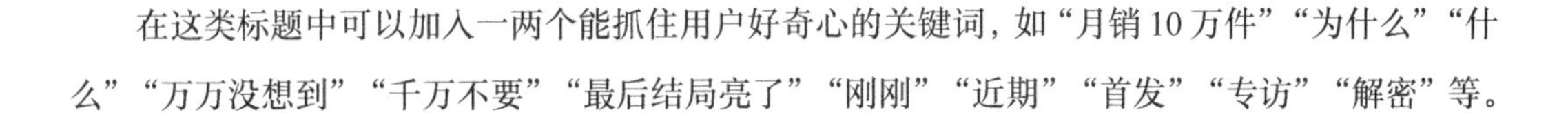
在这类标题中可以加入一两个能抓住用户好奇心的关键词，如“月销10万件”“为什么”“什么”“万万没想到”“千万不要”“最后结局亮了”“刚刚”“近期”“首发”“专访”“解密”等。

模块总结

本模块系统地讲授了短视频编辑软件应用技巧，还有人工智能生成内容（AIGC）的技术应用快速创作视频内容。在短视频发布的环节，讲授了如何精心制作封面和片尾，以及如何撰写吸引人的标题等关键技巧。通过本模块的学习，不仅可以提高短视频制作和发布技能，还增强了审美能力，并培育了追求卓越、注重细节的工匠精神。

素养提升课堂

手机、数据、短视频：新质生产力在乡村振兴中的运用与启示

在贵州山区，90后村支书赵大鹏敏锐地抓住短视频这一新兴媒介的力量，开启了一条独特的短视频扶贫模式。

赵大鹏发现短视频平台拥有庞大的用户基础，决定利用这一平台宣传家乡的农产品，拓宽销售渠道。他注册了专门的抖音账号，拍摄和分享家乡的美景和农产品，助力家乡脱贫致富。同时，他积极与电商平台合作，线上销售农产品，让优质农产品走出大山，走上城市消费者的餐桌。

赵大鹏认识到，手机是新农具、数据是新农资、“短视频＋直播”是新农活。他充分利用这些新型工具，创新推出了“短视频＋直播＋电商”的模式。通过短视频平台，他向网友介绍家乡的农产品，讲解产品的特点和优势。

为了让更多村民参与到利用短视频带货的扶贫行动中来，赵大鹏组织了一系列的培训活动，教授村民短视频拍摄技巧、剪辑方法和直播销售知识。通过培训，村民们逐渐掌握了这些新技能，纷纷拿起手机，销售起自家的农产品。短视频拍摄成为村民的新农活，为家乡的经济发展注入了新的活力。

赵大鹏注重打造家乡农产品的品牌形象，注册了“贵州山货”商标，统一包装和宣传家乡的农产品。他通过短视频平台开展一系列宣传活动，提升了家乡的知名度，使“贵州山货”成为市场上的热销品牌，带动了家乡经济的快速发展。

在赵大鹏的带领下，家乡的脱贫攻坚战取得了显著成效。但他并没有止步于此，他关注到村民的精神文化生活匮乏，便又组织开展了文化活动，修建文化广场，丰富村民的业余生活。此外，他还带领村民发展乡村旅游，吸引游客前来体验乡村生活，进一步带动家乡经济发展。

课后练习

一、选择题

1. 以下哪个软件不是短视频编辑软件？（　　）

   A. 剪映　　B. Photoshop

   C. 爱剪辑　　D. Premiere

2. 以下哪个选项不是短视频标题的作用？（　　）

   A. 引导用户动作　　B. 获得更多曝光量

   C. 让视频上热门　　D. 引发用户讨论

3. 以下哪个选项不是短视频选取标题的要点？（　　）

   A. 标题符合用户属性　　B. 标题切中用户需求

   C. 标题能够引起用户情感共鸣　　D. 标题字数要足够短

4. 以下哪个选项不是短视频免费推广渠道？（　　）

   A. 参加挑战赛推广　　B. 投入 DOU+

   C. 利用微信朋友圈推广　　D. 在评论区推广

5. 以下哪一项不是优质短视频封面的特点？（　　）

   A. 文字精简　　B. 突出重点

   C. 减少容量　　D. 统一风格

二、判断题

1. 剪映只能在移动设备上使用，不能在计算机端使用。（　　）
2. 剪映软件只适用于 iOS 系统，不支持 Android 系统。（　　）
3. 短视频能否获得大量曝光，往往与平台的算法密切相关。（　　）
4. AIGC 可以自动生成视频剪辑指令，为视频添加字幕和特效。（　　）

模块五 短视频推广与数据分析

情境引入

艾特佳电商公司在短视频账号运营方面已经取得了不错的成绩，吸引了成千上万的忠实粉丝。为了进一步提升品牌知名度，运营总监小冉决定采取更加精细化的推广策略，通过深入的数据分析，借助常用工具，进行精准的数据优化工作，对流量、内容以及用户行为的细致研究和分析，调整内容策略，优化发布方式，确保每一条短视频都能够吸引目标受众的关注。

学习目标

知识目标

1. 熟悉短视频平台算法原理和运作机制；
2. 了解短视频数据分析常用指标；
3. 掌握短视频数据分析工具的使用；
4. 熟悉短视频数据的优化策略。

技能目标

1. 能够完成利用数据分析工具对短视频内容进行筛选的工作；
2. 具备捕捉短视频创作的热点趋势的能力；
3. 能够对短视频账号进行诊断与优化。

素质目标

1. 树立加快建设网络强国、数字中国的意识；
2. 提高信息技术的推广应用，加快在新媒体领域的发展；
3. 打造自信繁荣的数字文化，创作生产更多积极健康、向上向善的网络文化产品。

思维导图

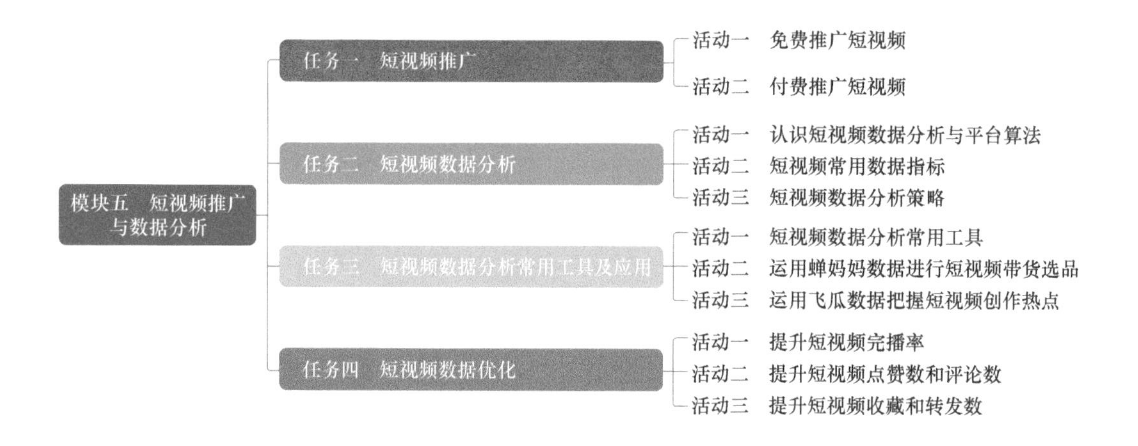

任务一　短视频推广

任务描述

推广有道，才能声名远播。

在移动互联网时代，流量就是力量。掌握了流量，就有了用户；有了用户，就拥有了影响力。作为公司运营总监，小冉的任务是运用各种推广策略，增强短视频作品的曝光，以吸引更多流量，从而扩大品牌影响力，推动业务的增长。

任务实施

推广是短视频获取用户关注必不可少的环节，在短视频发布后及时进行推广能有效地为其增加热度，从而获取更多的用户流量。内容创作者除了要了解短视频的推广技巧外，还需要了解短视频的推广渠道，在多渠道的支持下，可以更有效率地提升用户流量和短视频播放量。

每个短视频发布平台都有自己的推广渠道，以抖音为例，其推广渠道分为收费和免费两种类型，下面分别进行介绍。

活动一 免费推广短视频

免费推广短视频

1. 紧跟热点，为自己推广导流

关注抖音热搜，微博热点榜，了解当下的热点结合自己的作品展示出去，这种操作其实是非常简单的，也是当下最流行的一种推广方式。

追热点的正确方式：

（1）要从热点本身出发，辨别哪些是热点，哪些热点可以蹭。

（2）学会借势，在发布视频时可以加入一些热点话题，视频封面也可以突出热点。

（3）通过对比，衬托出自身的优势，表现出独特卖点。

2. 用矩阵玩法互相推广导流

抖音推广中，还有一种方法有效且简单，那就是用大号来推小号，从而引起广泛关注。一般来说，大号的粉丝量都是用心做出来的，那么在推荐小号的过程中，必须要注意两者关联性。也就是说，在推小号时，要体现小号的价值所在，比如：

（1）小号的内容可以给粉丝带去实用价值的。

（2）戳中用户痛点的。

（3）简单操作的。

（4）具有正面引导意义的。

比如抖音账号“赢在起点”是一个关于宝宝的抖音号，旗下有四个早教账号，四个账号教授的内容都不重复，但又紧紧关联着，这样就形成了视频的关联性，既然想要宝宝学习语言表达，就会想要宝宝学习动手能力，也会对育儿心得感兴趣，这就形成环环相扣的体系。

力学笃行

抖音的“推荐机制”是非常复杂的，由多个算法组成，如图 5-1 所示。并且，抖音的算法是不断更新的，但根本的原则不变，就是提高用户的使用体验。简单来说，就一句话：“用户喜欢的内容就有流量，就能上热门。”

底层逻辑大家应该多少也了解过：一个视频会获得少量的基础推荐，抖音会根据视频的数据反馈分析视频质量，数据反馈好就会再次提供一些流量，然后再次根据数据反馈进行分析，不断反复。

数据的反馈指标包括：完播率、观看时长、点赞量、评论量、分享、关注、不感兴趣。

除了不感兴趣以外，其他的正面反馈越多，视频质量评估就会更高，就能得到更多流量。

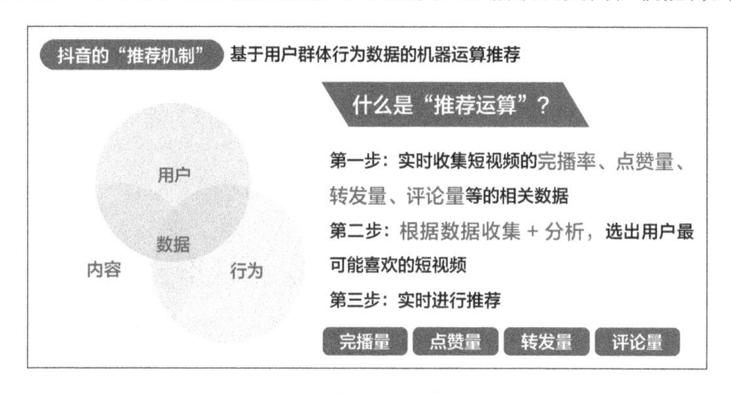

图 5-1　抖音的“推荐机制”

3. 参加挑战赛推广

免费推广另一种常用的方式就是参加各种挑战赛，让短视频账号获得更多的曝光，从而推广账号中的各种短视频。抖音短视频官方的“抖音小助手”账号会定期推送平台中最热门的挑战赛，这些热门挑战赛的关注用户数量通常达到几千万甚至几亿。因此，关注“抖音小助手”账号，选择热门程度较高的挑战赛，参与挑战赛并录制和发布视频，就有可能获得较高点击率，从而为自己的短视频账号赢得较高的流量，也间接推广了自己发布的其他短视频。参与挑战赛的具体操作如下。

（1）在抖音主界面中点击“搜索”按钮。

（2）打开搜索界面，点击“话题”选项卡。

（3）打开话题界面，选择一项自己可以参加的挑战赛，选择对应的选项。

（4）打开该挑战赛的界面，点击界面底部的“立即参与”按钮参与挑战赛。

（5）打开抖音视频拍摄界面，录制视频并发布即可参加该挑战赛。

4. 评论区推广

短视频评论区也是一个非常好的免费推广渠道，对很多短视频新手来说，账号的关注用户有限，所以应该珍惜每一位在评论区留言的用户。最好能够及时地回复留言，并与留言用户积极互动，增加这些用户的黏性，以提升短视频的热度。

5. 其他新媒体平台推广

除了在短视频平台进行推广外，其他一些新媒体平台也可以作为短视频的推广渠道，例如微博、QQ 和微信等，推广方式主要是将发布的短视频分享和转发到这些新媒体平台中。下面就以微信平台为例，介绍短视频在微信平台的推广方式，主要包括公众号或小程序、微信群和朋友圈三种。

（1）公众号或小程序推广。微信公众号主要包括订阅号、服务号、企业号三种类型，功能如下：

1）订阅号。订阅号具有信息发布和传播的功能，主要用于向用户传达资讯（类似报纸、杂志的功能），展示网站或商品的个性、特色和理念，以达到宣传效果。

2）服务号。服务号具有用户管理和提供业务服务的功能，能够实现用户交互，而且可以开通微信支付功能，这两项都非常符合短视频推广的需求。

3）企业号。企业号具有实现内部沟通与内部协同管理的功能，主要用于企业内部通信。

微信小程序具有开放功能，可以被便捷地获取与传播，适合有服务内容的企业。普通内容创作者可以考虑申请服务号来进行短视频推广，而一些短视频团队或企业短视频内容创作者则可以开通订阅号、企业号或小程序来进行短视频推广。

（2）微信群推广。通过微信群推广短视频已经成为一种非常有效的短视频推广形式。内容创作者可以通过建立微信群，并在微信群中与用户交流和互动，增强用户黏性，让用户产生凝聚力，从而提高用户在短视频平台中的留存率。短视频新手可以在一些微信群中定期发布和分享自己的短视频，增加自己的存在感和曝光率，慢慢引导微信群中的其他成员对自己产生关注。

但是，在微信群中推广短视频有一个非常重要的注意事项，那就是发布和分享的短视频一定要保证质量，而且不能频繁发送，以免被其他群内成员厌烦，甚至被群主移出群。

（3）朋友圈推广。内容创作者也可以在朋友圈中发布短视频，引起朋友的关注和转发，达到推广的目的。其方法是直接将短视频分享到朋友圈，这样朋友圈中的好友就可以看到该短视频和自己的短视频账号，并通过短视频平台进行关注。当然，与微信群推广相同，朋友圈的推广也不能太频繁，以免被微信好友屏蔽。

活动二　付费推广短视频

1. DOU+

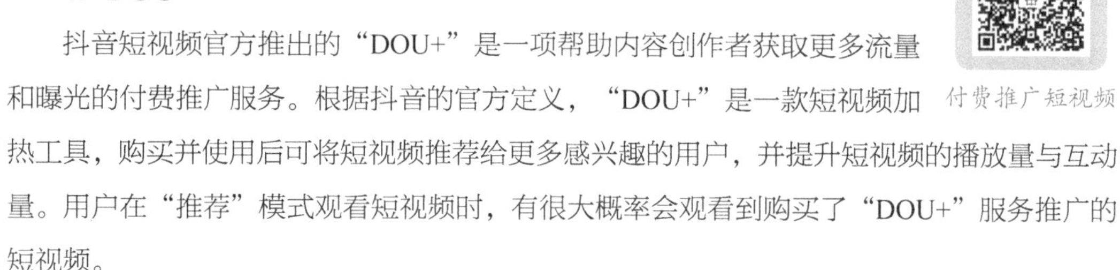

付费推广短视频

抖音短视频官方推出的“DOU+”是一项帮助内容创作者获取更多流量和曝光的付费推广服务。根据抖音的官方定义，“DOU+”是一款短视频加热工具，购买并使用后可将短视频推荐给更多感兴趣的用户，并提升短视频的播放量与互动量。用户在“推荐”模式观看短视频时，有很大概率会观看到购买了“DOU+”服务推广的短视频。

内容创作者利用“DOU+”进行短视频推广的具体操作步骤如下。

（1）在抖音短视频主界面中点击“我”按钮，在打开的个人账号界面选择一个需要推广的短视频，点击界面右下角的“展开”按钮。

（2）打开分享和私信对应的界面，点击“上热门”按钮。

（3）打开“DOU+”速推版界面，首先选择智能推荐的人数，然后选择提升点赞评论量还是粉丝量，再点击“支付”按钮，如图 5-2 所示，即可通过付费的形式，达到增加短视频播放量的目的。

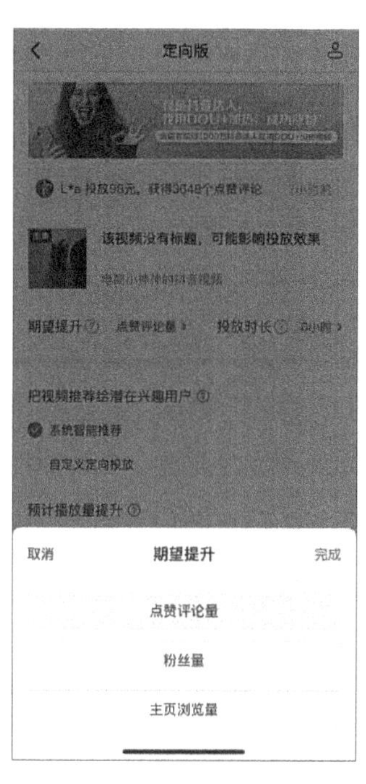

图 5-2　利用“DOU+”推广

只有短视频内容能够通过抖音平台审核的标准才能够获得“DOU+”推广服务资格，该标准主要包括社区内容规范、版权法律风险、未成年相关和具体规范等。另外，选择平台投放只能由系统自定义推荐给可能感兴趣的用户，而选择自定义投放是以账号个人的标准选择投放用户，可以设置包括人数、用户年龄、性别和所在地域等项目，还可为自定义投放设置人数。

2. 巨量千川

巨量千川是巨量引擎旗下的电商广告平台，为商家和达人们提供抖音电商一体化营销解决方案。巨量千川与抖音电商深度融合，为商家和达人们提供抖音电商一体化营销解决方案。通过打通抖音账号、抖音小店，巨量千川的账户、资质、资金，提供一键开户和便捷管理，实现“商品管理—流量获取—交易达成”的一体化营销，降低投放和管理成本，有效提升电商营销效率。

力学笃行

爆款运营：打磨内容，互动引流

做短视频最重要的事情就是打磨内容。内容好，各项数据自然就好。

优质短视频的标准包括：画面清晰干净，场景不乱；封面突出看点，贴近主题；背景音乐恰当，杜绝低俗；标题契合内容，简单明了；视频尺寸合适，突出主题；内容原创且完整，主题鲜明；题材有记忆点，画风稳定；品牌化经营，人格化表达。

有了优质的内容，创作者还要做好互动引流。短视频平台的多次分发机制是基于前一次分发的数据反馈决定下一次分发的流量。因此，创作者在作品发布后还要努力改善核心指标，及时回复留言，增强用户黏性，让短视频进入更大的公域流量池，争取做出爆款短视频。

任务二　短视频数据分析

任务描述

注重细节，才能算无遗策。

数据分析是决策的基石，通过深入挖掘和细致分析海量数据，从而制定更加精准的战略规划和执行方案。作为运营总监，小冉的任务是要了解短视频平台算法，对数据进行整理，对短视频账号进行诊断与决策。

任务实施

活动一　认识短视频数据分析与平台算法

做短视频运营，并不是简单拍视频，配音乐，发布到平台就完成了，数据分析是必须学习的，这样才能更好地运营一个账号。因为短视频数据分析直接决定了账号的内容方案、引流方案、变现方案、账号布局、内容布局、粉丝布局等部分。

1. 短视频数据分析的含义

从微观角度来说，短视频数据分析只针对短视频这一新媒体形式本身，是指根据视频的播放量、点赞量、评论量、分享量以及涨粉数等，对账号内容和短视频发布情况进行调整，包括视频主题、内容、文案、类型、封面、标题等。

短视频数据分析的含义

从宏观角度来说，短视频数据分析需要从多个方面入手，包括搜索数据分析、账号数据分析、视频数据分析、同行数据分析、粉丝数据分析、热门视频分析。

总的来说，短视频数据分析可以带来两方面价值：一是整体情况；二是数据优化。可以通过数据的分析来看整个账号的情况，而不是局限在单个视频或几个视频上。比如有没有通过短视频的推送带来账号整体的粉丝增长，或者让整个账号的流量有明显的提升。

再者就是要做数据对比并进一步进行数据优化。比如前一条视频的点赞量比较低，要分析是什么原因导致的流量降低。还要明确点赞代表的是什么含义、转发代表什么含义、播放代表什么含义。通过这些指标表现不断调整短视频的呈现形式，这就是短视频数据分析的价值。表 5-1 列出了短视频数据分析的价值类型。

表 5-1　短视频数据分析的价值类型

价值类型	内容
整体情况	包括粉丝增长、播放量趋势和粉丝用户画像数据等
数据优化	包括播放量、点赞数、转发量等

除此之外，针对短视频数据、短视频账号数据的分析还将帮助品牌方对短视频 KOL（关键意见领袖）进行筛选，正确选择最适合的账号开展营销活动；还可以帮助 MCN 机构把握行业动向，有效且系统地管理旗下的短视频账号。

值得注意的是，时下短视频展现出的强大带货能力，紧紧吸引了短视频运营者、品牌方和 MCN 机构的目光，其带货数据的分析更是展现出了极大的价值。

对于新媒体运营人员来说，有一项必须修炼的能力就是数据分析，不论是运营微信公众号、自媒体、微博还是短视频都需要数据分析。通过对运营账号后台数据进行统计分析，不断优化选题内容，加强粉丝黏性，提升自身竞争力。

在运营过程中，每项数据都是有存在的意义的，每项数据都代表了用户对内容的一个反馈，作为运营人员，必须要清楚地知道这些数据代表了什么，并且能够通过这些数据给出一个优化的方向。

力学笃行

KOL 一般指关键意见领袖（Key Opinion Leader），通常是指在某个领域内，拥有一定影响力的人物。他们通常具有较丰富的专业知识和经验，并且能够向广大消费者提供意见和建议。在社交媒体和网络平台上，KOL 通过分享自己的经验和见解，吸引大量的关注者，并影响他们的购买决策和品牌选择。

MCN 是 Multi-Channel Network 的缩写，指的是多频道网络。这是一种新兴的网红经济运作模式，主要通过将不同类型和内容的 PGC（专业生产内容）联合起来，给予资本的支持，保障内容的持续输出，从而实现商业的稳定变现。

2. 短视频平台算法

短视频平台算法

在学习短视频数据的常用指标前，首先要了解短视频的算法机制。若能够把推荐机制了解清楚，就能够为打造爆款短视频奠定一个坚实的基础。因为只有在平台的规则内进行内容创作、产出和运营维护，短视频才有可能得到平台的青睐并推荐给广大的用户群体，为吸引大量粉丝用户群提供有效的保障。

3. 抖音平台流量分配机制

抖音是一款基于用户兴趣和行为推荐的短视频平台，其算法漏斗机制是通过分析用户的行为和兴趣，将符合用户喜好的短视频推荐给用户，从而提高用户的观看体验和满意度。抖音的算法漏斗机制有以下几点。

（1）用户行为数据的收集和分析。抖音通过收集用户的行为数据，如观看历史、点赞、评论、分享等，对用户的兴趣和偏好进行分析。通过对用户行为数据的分析，抖音可以了解用户的兴趣领域、观看习惯和喜好，为用户推荐更加个性化和符合其兴趣的短视频。图 5-3 所示为视频号平台视频播放数据。

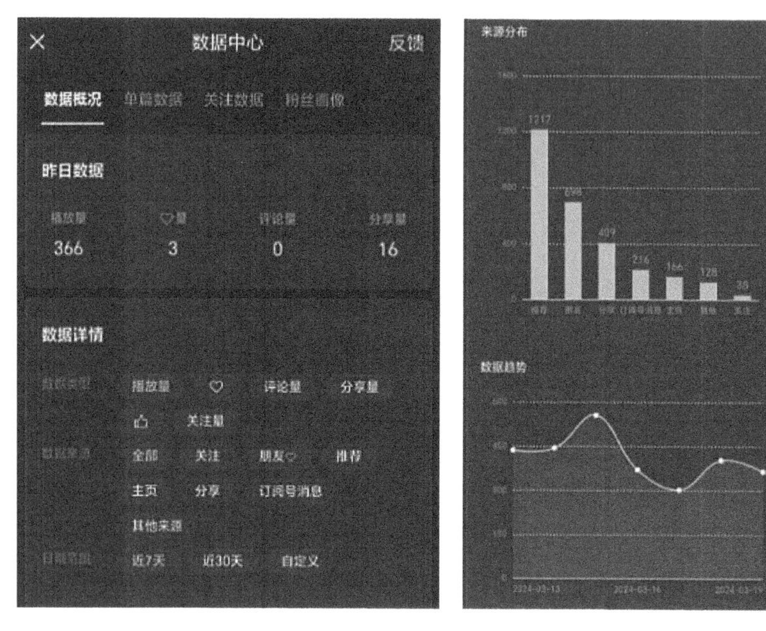

图 5-3　视频号平台视频播放数据

（2）用户画像的建立和更新。基于用户行为数据的分析，抖音会建立用户的画像，包括用户的兴趣领域、观看偏好、性别、年龄等信息。通过不断收集和更新用户行为数据，抖音可以不断优化用户画像，更加准确地了解用户的兴趣和偏好，为用户提供更加个性化的短视频推荐。图 5-4 所示为视频号平台粉丝画像。

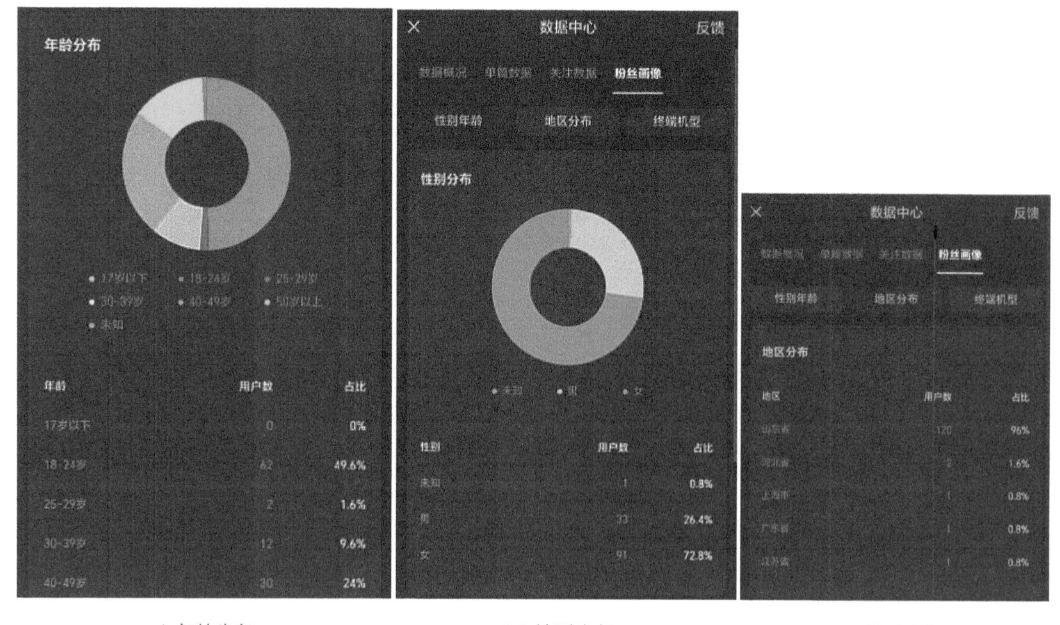

a）年龄分布　　　　b）性别分布　　　　c）地区分布

图 5-4　视频号平台粉丝画像

（3）内容标签的识别和分类。抖音通过对短视频内容的标签识别和分类，将短视频按照不同的主题和领域进行分类。通过对内容标签的识别和分类，抖音可以更好地理解短视频的内容和特点，为用户推荐符合其兴趣和偏好的短视频。

（4）用户兴趣的匹配和推荐。基于用户画像和内容标签的识别和分类，抖音将用户的兴趣和短视频的内容进行匹配，为用户推荐符合其兴趣和偏好的短视频。通过不断优化匹配算法，抖音可以提高短视频的推荐准确度，为用户推荐更加个性化和符合其兴趣的短视频。

（5）用户反馈的收集和分析。抖音通过收集用户的反馈数据，如点赞、评论、分享等，对用户对短视频的喜好和评价进行分析。通过对用户反馈数据的收集和分析，抖音可以了解用户对短视频的偏好和需求，为用户推荐更加符合其喜好和需求的短视频。

（6）实时调整和优化推荐策略。抖音通过实时调整和优化推荐策略，根据用户的行为和反馈数据，不断调整和更新推荐算法。通过实时调整和优化推荐策略，抖音可以提高短视频的推荐准确度和用户的观看体验，增加用户的互动和留存。

抖音的算法漏斗机制通过收集和分析用户的行为和兴趣数据，建立用户画像，对短视频的内容标签进行识别和分类，将用户的兴趣和短视频的内容匹配，收集和分析用户的反馈数据，实时调整和优化推荐策略，为用户推荐个性化和符合其兴趣的短视频。通过算法漏斗机制，抖音可以提高用户的观看体验和满意度，增加用户的互动和留存。

力学笃行

账号权重真的存在吗?

有个特别的现象，同一短视频平台中，同样一条视频作品，A 账号发出最终播放量是 500，但 B 账号发出最终播放量却高达 10 万，这是为什么呢? 是因为两个账号权重不同，权重是真实存在的。简单来说，权重就是账号中视频作品更新时可获得的基础播放量，而账号的基础推荐越高，作品获得热门推荐的概率就更大。基础权重为政务机构账号＞企业机构账号＞ MCN 机构账号＞个人账号，普通账号的初始权重是最低的。

想要拥有更高权重，账号资料要尽量完善，例如头像、描述、个人认证、实名认证和账号绑定等，这些资料的完善，有助于增加权重。但想快速增加权重，还要靠作品，也就是提高作品质量才能增大被推荐的概率。

活动二　短视频常用数据指标

在了解了抖音短视频的算法推荐机制后，下面进一步学习短视频数据分析的常用指标。

1. 固有数据

短视频常用数据指标

固有数据是指在视频制作、发布的过程中产生的，且不可通过外力进行改变的固定指标。比如说，发布时间、视频时长、发布渠道等，这些都是视频发布后既有的固定属性。

固有数据也是短视频的基础属性，因此非常重要。

2. 播放量相关指标

视频拍摄完成后发布到各个渠道，接下来最应关注的就是“播放量”。视频的播放情况要通过两个方面来进行评估：实际的结果量，也就是累计播放量；相对量，包括同期相对播放量、对比播放量。

这里简单介绍短视频播放量相关指标的两个重要指标：播放量和推荐量。除此之外，播放量相关指标还有累计播放量、昨日播放量、分日播放量、分时播放量、周期播放量、渠道播放来源、播放人数、人均播放数和播放终端。

（1）播放量。播放量是分析短视频时最直观的数据。播放量可以直接说明一个短视频的好坏。短视频的播放量意味着内容的曝光量，也就是说通过播放量可以估算出有多少人看到了这个短视频。

对于短视频运营人员来说，对于短视频播放量的分析绝不仅是看看播放数据而已，而要通过分析播放量高的短视频进而找到共同的规律。找到规律意味着揭开了“流量密码”，打开了成功的大门。比如，通过收集播放量前 50 名的短视频，分析这些短视频的选题内容、标题、关键词，可以得到用户对于哪些选题内容比较关心、标题多少个字最好、标题中有哪些关键词的视频推荐量比较大等问题的答案。这些问题都可以通过分析短视频播放量发现，这些通过数据分析发现的规律可靠性更高，对指导日后的工作有着重要的参考价值。图 5-5 所示为抖音平台短视频播放量数据。

（2）推荐量。推荐量是指平台将短视频推荐给大众的数量。在短视频的首次推荐中，如果点击率低，系统会认为该短视频不适合推荐给更多的用户，便会减少二次推荐的推荐量；如果点击率高，系统则会认为短视频受用户喜欢，将进一步增加推荐量。

因为这种扩大推荐的机制，作者想获得更多的播放量，就必须努力把各维度阅读数据维持在高位水平，短视频首先会被推荐给一批对其最可能感兴趣的用户，这批用户产生的播放数据，将对视频下一次的推荐起到决定性作用。

图 5-5 抖音平台短视频播放量数据

3. 互动数据

短视频播放后，用户进行观看，进一步就会和用户、粉丝产生一些互动。互动数据比较好理解，平时经常会提到的点赞、评论、转发和收藏，还包括顶、踩、弹幕等，都是用户与短视频互动产生的数据。对于推荐平台，会结合短视频的播放以及互动情况，综合评估决定是否为该短视频提供更多的推荐量。

（1）点赞量。用户的点赞量会直接影响视频的播放量。以抖音短视频平台推荐机制为例，短视频的点赞量越大，意味着用户的喜爱程度越高，那么短视频的推荐量也会呈几何式增长。

（2）评论数。有的时候尽管用户觉得短视频不错，但是可能最多完成点赞，想要用户评论，就必须给用户评论的动力。所以有的账号会引导用户留言，有的账号会在视频当中留下一个问题和用户讨论，也有的账号会故意提出有争议的问题或者槽点，让用户忍不住在评论区进行吐槽，表达自己的观点。

（3）收藏量。收藏量也是衡量一个短视频成功与否的标志之一。尤其是一些教程类的短视频，用户的收藏说明该短视频对于他有一定的价值和意义。用户收藏短视频的意义在于帮助自己保存起这些对自己有用的视频，让自己以后随时可以重复观看。

另外，短视频的收藏量也直接说明了用户对于这些选题内容的喜爱程度，这对于规划短视频选题内容有很高的参考价值和意义。所以建议运营者可以进入账号后台查看视频的收藏量情况，参考视频的收藏量规划短视频选题内容。

（4）转发量。转发量代表了一个分享的行为。转发量比较高的内容，一般来说都是热度比较高或者质量比较高的内容，用户或是出于跟风的目的，或者是出于分享的目的转发短视频。

这个数据更多的是在微博这样主要讲究分享互动的渠道更有意义。同时，微博这个渠道又是一个讲究粉丝运营的渠道。简言之，关注的人越多，微博内容就有越多人转发，就会带来更多新的粉丝。

另外，转发分享的意义还在于，可以吸引更多精准的粉丝。对于一些社交电商或者线上销售的行业来说，转发分享可以为它们带来更多精准的粉丝，提升粉丝量和营销的精准性。从长期来看，对于粉丝转化效果也非常不错。图 5-6 所示为视频号平台视频数据。

图 5-6 视频号平台视频数据

课堂讨论：结合具体案例，思考自己在什么时候或者面对何种内容时会对该短视频进行点赞、评论或分享？

4. 相关数据指标

关注数据表现的最终目的无非是想要解答两个问题：一是视频能不能上热门；二是视频怎样才能上热门。要知道这两个问题，就要先了解短视频的相关数据指标。

（1）完播率。判断一个短视频是不是优质的短视频，首先要看的就是这条短视频的完播率。完播率不仅仅在一定程度上代表着视频的质量，也关系着视频是否能够被系统推荐。

完播率的计算公式为

$$完播率 = 完整的播放数 / 总播放次数$$

完播率越高，说明用户对短视频越感兴趣，更有继续看下去的意愿，短视频也就更有可能推荐给更多的人观看。

那如何提升视频的完播率呢？缩短短视频时长，节奏不拖沓，开头吸引人或者结尾留下悬念，都是能提升视频完播率的有效办法，在本模块任务四的活动一会详细进行介绍。

（2）粉赞比。粉赞比体现的是一个短视频账号的吸粉能力，也就是粉丝数在点赞总数中所占的比例。

粉赞比的计算公式为

粉赞比 = 粉丝数 / 点赞总数

（3）赞播比。点赞说明看到短视频的人对内容表示认可，所以赞播比体现的就是短视频受欢迎的程度。

赞播比的计算公式为

赞播比 = 点赞数 / 播放量

（4）赞评比。评论和点赞都是用户看到短视频后，对内容做出下一步的动作。

赞评比的计算公式为

赞评比 = 评论数 / 点赞数

可以通过赞评比来衡量短视频在目标用户中的受欢迎程度，以及视频的互动效果。

5. 转赞比

高转发数是打造爆款短视频的关键部分。

转赞比的计算公式为

转赞比 = 转发数 / 点赞数

一般而言，短视频的转发数大多会比评论数要高，而且差值越多越好。这个数据在垂类（垂直领域，互联网行业术语）比较强的行业中表现得更为明显。同时，转赞比也是短视频平台用来考量视频贡献值非常关键的指标。

力学笃行

数据是用户与平台对话的语言

短视频作品发布后会有各项反馈数据，每项数据都有一定的意义，有些数据对运营有更大帮助，有些数据对短视频内容创作更有帮助。有时是单独一项数据能体现一些信息，有时需要综合多项数据，才能得出正确的判断。

除了关注自己的短视频数据以外，也要持续关注同行业、同类型账号，通过分析同行业的高数据作品发现自己的不足，以便持续改善。

另外，还要尽可能从各种渠道了解作品反馈，包括粉丝评论、团队成员、客户方代表，甚至同行朋友等。一方面是拓展反馈渠道，另一方面也可以印证数据分析的结论。

总之，数据反馈是为了改进作品，提升创作能力。

活动三　短视频数据分析策略

1. 短视频数据分析的目的

不论是品牌方、个人或是 MCN 机构，制作短视频的根本目的并不是涨粉和迎合市场，大家的最终目的是一致的：获客与变现。因此，短视频数据分析的目的也是获客与变现，围绕用户将该目的进一步细化，可以总结为以下三个重点。

（1）确定目标用户。在运营短视频账号以及拍摄短视频之初，需要对目标用户进行调查和分析，例如：哪个年龄段的用户最有可能成为忠实粉丝？性别比例如何？来自哪个城市？收入水平是什么样的？有什么爱好？倾向于何种视频内容？在这些问题中，再结合具体数据分析出粉丝的共性。

（2）确定合适的时间。在对用户进行分析的时候，其实已经对用户的活动时间进行了分析，例如：用户平常的短视频使用习惯是怎样的？喜欢什么时间刷短视频？喜欢在哪种场景下刷短视频？这个时间就是发布短视频的时候，即短视频账号活跃的时候。

除此之外，在运营的过程中，也会根据发布过的短视频的数据进行分析，查看潜在用户的活跃时间，了解视频在哪个时间段获得的推荐和流量最好，然后根据这份数据，寻找到更加适合发布视频的时间。

（3）确定合适的方式。确定了目标用户和合适的发布时间，接下来就该考虑用什么样的方式出现在目标用户的眼前，吸引用户目光。

同理抖音的算法和推荐机制，即通过标签来推荐内容给目标用户。运营人员应该通过对视频的数据分析，及时调整内容的方向，优化标签，生产出更符合目标用户需求的内容。

2. 短视频数据分析的使用策略

短视频的时间较短，碎片化阅读成为其优势，但同时，如果想在这么短的时间里抓住用户的眼球，就要求内容有足够的创新力。那么，经过分析的短视频该如何投入使用呢？

（1）用数据确定内容方向。通常情况下，短视频内容制定都会有大致的规划及走向，但是创作者不能完全掌握用户真正喜爱的方向，甚至有些用户的喜好会偏离一般的认知。所以，不能凭借主观判断来断定内容方向。

这时候就要借助数据的力量，用数据来反映前期所做内容的效果，看看哪些内容的数据是比较好的，哪些内容是不受用户喜欢的等，根据这些数据来决定短视频内容生产的方向。

一般情况下，内容制作团队会选择自己喜欢或擅长的内容方向进行创作，因为喜欢才能做得长久，才能持续不断地产出内容。比如喜欢宠物，就可以做萌宠类的视频，先拍一些短视频测试数据，再进一步决定创作的细分方向，其中数据主要指播放量和点赞数。

初期通过播放量和点赞数就可以判断用户对哪些短视频感兴趣，用户喜欢的内容有什么特点。

（2）内容持续发布后，通过数据指导运营。内容方向确定后，运营是整个短视频生产线上最为重要的环节，短视频上线后的运营工作琐碎繁杂，需要通过数据让运营精细化。

1）根据数据调整发布时间。内容的发布时间和形式是非常关键的，有时候相似的一份内容不同时间发布出去，产生的结果是截然不同的。所以这时候也要借助数据来分析，看看哪些时间段是用户浏览短视频的高峰期，哪些时间段发布的短视频效果差强人意。

将这些规律摸清楚之后，在下次发布短视频的时候就可以选在一些特定的时间段中，增大短视频曝光率。

每个短视频平台都有流量高峰时间，找出各个短视频平台的流量高峰规律后，尽量选择在流量高峰时间段发布短视频，让自己的内容获取更好的曝光量。

2）用数据指导运营侧重点。短视频制作团队在最初的时候通常都会有人力不足的情况，因此需要有很清晰的侧重点。例如，是应该在和内容匹配且数据高的渠道下功夫，还是应该着重在全网的渠道铺设运营。

刚开始的时候如果运营力量充足，可以把所有的平台先铺上，通过数据工具的统计数据来判断哪些平台应重点运营，哪些平台次运营，哪些平台只要发布就好，哪些平台需要放弃。

（3）用数据调整视频内容。用数据来指导内容策划是更加科学的，通过数据来一次次地优化内容，用户会越来越喜欢短视频发布者的内容。

以抖音为例，抖音会根据算法进行推荐，不受编辑资源影响，完全靠用户行为判断，所以数据会更加有价值。在抖音平台中，所有的数据参数对于推荐量和播放量都是有影响的，比如播放完成率、收藏数、转发数、评论数、退出率、播放时长等。

通过上述数据，总结了一些数据指标较高的短视频内容特点，见表5-2。

表5-2　数据指标较高的短视频内容特点汇总

数据指标	内容特点
收藏量高的短视频内容	（1）实用点非常多，但节奏很快 （2）内容量多，一次看不完
转发量高的短视频内容	（1）内容非常实用 （2）内容非常酷炫 （3）紧跟热点 （4）对朋友有帮助的
评论数高的短视频内容	（1）紧跟热点 （2）用户参与性强 （3）有槽点或可聊性强

数据对于短视频内容创作和运营的指导作用无需多言，其使用策略也有很多，需要创作者们潜心研究，精耕细作，才能让更多的用户喜欢自己的内容。

课堂讨论： 结合所学知识，思考短视频数据分析和诊断可以用于解决短视频的哪些问题。

任务三　短视频数据分析常用工具及应用

任务描述

手熟心静，才能游刃有余。

数据分析常用工具有很多种，每种都有其独特的作用和优势。作为公司的运营总监，小冉的任务是熟练掌握各种常用工具，从中筛选出有用的信息，从而提升短视频的运营效率。

任务实施

活动一　短视频数据分析常用工具

1. 蝉妈妈

蝉妈妈是厦门蝉羽网络科技有限公司旗下品牌，是抖音、小红书等的数据分析服务平台，致力于帮助国内众多的达人、机构、品牌主和商家通过大数据精准营销，实现“品效合一”。

蝉妈妈提供短视频、直播全网大数据开发平台，依托专业的数据挖掘与分析能力，构建多维数据算法模型，通过数据查询、商品分析、舆情洞察、用户画像、视频监控、数据研究、短视频小工具管理等服务，为网红达人、MCN 机构提供电商带货一站式解决方案。

以直播榜数据为例，蝉妈妈能够提供精准的直播间详情数据，包含直播间人数和人气趋势、送礼人数、商品销售额与销量等，支持直播实时榜、达人带货榜、直播商品榜、礼物收入榜、土豪送礼榜五大榜单。根据这些详细的数据，直播电商的从业者能够清楚地知道应该在什么时间、选择什么商品才能更有效地触达潜在客户。图 5-7 所示为蝉妈妈 LOGO。

图 5-7　蝉妈妈 LOGO

2. 抖查查

抖查查是北京爱普优邦科技有限公司旗下推出专业的短视频数据分析平台，于 2019 年创建并上线投入运营，主要功能是数据分析，致力于为电商商家提供抖音短视频数据分析服务，同时也可适用于快手平台。抖查查拥有诸多数据分析和查询功能，包括抖音排行榜、热门视频、脚本库、电商分析等，它能够提供热门视频、音乐、爆款商品及优质账号，利用大数据追踪短视频市场趋势及流量趋向，为抖音创作者的账号运营内容定位、粉丝增长、粉丝画像优化以及流量变现提供助力。

抖查查工作台是抖查查的特色功能之一，包含五大功能模块：创意洞察模块，提供视频飙升榜、热门视频、音乐、话题、脚本库和“我关注的素材”等数据素材，为短视频创作者提供创意来源；达人分析模块包含粉丝榜、蓝V榜、被封达人榜、达人搜索和链接商家与达人搜索功能，商家可以通过数据分析与达人合作，降低市场调研成本，提高合作效率；电商分析模块包含抖音商品榜、带货视频榜、带货视频飙升榜、电商达人销量榜、热门店铺榜、淘客推广排行榜、好物榜等，可以帮助短视频电商精准了解市场行情；品牌推广模块包含品牌排行榜，可以帮助达人快速选出商品品牌；数据监测模块包括监测抖音号、视频监测、对比抖音号、对比品牌、监测商品等，能够提高账号运营者的运营效率。

抖查查的服务优势在于：追踪趋势、寻找创意；多号运营、竞品动态；拟定预算、效果评估；电商数据、带货选品。通过这些服务，用户可以及时了解市场趋势，发现创意灵感；进行多个账号的运营管理，并跟踪竞争对手的动态；制定预算，评估效果；获取丰富的电商数据，选择适合带货的产品。

此外，抖查查还提供抖音研究院，为用户提供短视频最新资讯、运营干货、行业报告等内容，以助力短视频高效创作、运营和精准营销，是共同探索短视频行业的一个研究平台。

总之，抖查查是一款为企业创建运营的电商工具，通过数据分析和查询功能，帮助用户了解市场趋势、优化内容定位、提高粉丝增长和流量变现。它的特色功能包括创意洞察、达人分析、电商分析、品牌推广和数据监测，并拥有抖音研究院提供的相关资讯和干货。通过抖查查的服务优势，用户可以追踪市场趋势、寻找创意、进行多号运营、了解竞品动态、拟定预算和效果评估，同时获取丰富的电商数据，选择适合带货的商品。图5-8所示为抖查查界面。

图5-8 抖查查界面

3. 飞瓜数据

飞瓜数据，是一款短视频及直播数据查询、运营及广告投放效果监控的专业工具，提供短视频达人查询等数据服务，并提供多维度的达人榜单排名、电商数据、直播推广等实用功能。平台提供行业排行榜、涨粉排行榜、成长排行榜、地区排行榜、蓝V排行榜等，能够快速寻找抖音优质活跃账号，了解不同领域KOL的详情信息，明确账号定位、受众喜好、内容方向。

飞瓜数据提供抖音数据和快手数据等，包括热门视频、音乐、抖音排行榜、快手排行榜、电商数据、视频监控、商品监控等功能。通过分析账号运营数据，定位用户画像以及粉丝活跃时间，可以更好地了解用户的观看习惯，并同步列出近期的电商带货数据和热门推广视频，利用大数据分析账号带货实力。账号实时数据监控，实时记录抖音播主24小时内粉丝、点赞、转发和评论的增量情况，纵向对比近两天的运营数据趋势，快速发现流量变化情况，更好把控视频运营的时机。图5-9所示为飞瓜数据界面。

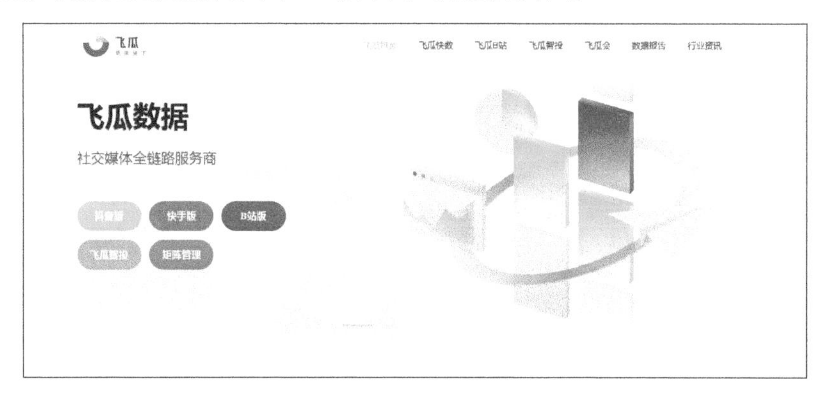

图5-9 飞瓜数据界面

直通职场

数据分析师的岗位职责

短视频运营不但要学会如何拍视频，如何剪视频，更要学习如何利用数据分析，现在短视频运营公司有一个非常重要的岗位——数据分析师。这个岗位的职责和任职要求包括以下几点。

（1）收集、整理和分析短视频平台上的数据，包括播放量、互动数据、用户画像等，进行数据清洗和处理。

（2）根据业务需求，针对短视频数据进行深入的分析，发现数据背后的趋势、规律和洞察，并提供数据驱动的策略和建议。

（3）制作数据报告和可视化图表，向管理层、项目团队等分享分析结果，并提供决策支持。

（4）监测竞争对手的短视频数据和市场趋势，进行竞争对手分析，为优化策略提供参考。

（5）跟踪和评估短视频数据分析工具和技术的最新发展，不断优化数据分析方法和流程。

不同公司和岗位的具体要求可能会有所差异，在求职过程中，建议根据具体岗位需求和公司背景进行深入研究，并准备相应的技能和经验展示。

活动二 运用蝉妈妈数据进行短视频带货选品

在了解了短视频数据分析的概述与常用工具后，下一步便是要将工具的使用投入到对应的短视频运营过程中去，解决现实中出现的问题。

短视频在带货能力上展现出了很大的潜力，不仅诸多品牌商和广告主选择使用短视频进行品牌营销，许多短视频创作者也希望通过短视频创作，进而实现流量的变现。在此，有一个问题总是困扰着短视频创作者们，那就是究竟该如何挑选商品。

以蝉妈妈数据为例，学习如何使用该平台的“商品榜”功能，助力短视频创作者完成带货选品工作。需要注意的是，蝉妈妈数据主要针对抖音短视频平台，因此示例数据等均来自抖音平台。

在蝉妈妈数据平台的“商品榜”（如图 5-10 所示）功能页签下，包含了七个小功能，即“抖音销量榜”“抖音热推榜”“直播商品榜”“视频商品榜”“潜力爆品榜”“持续好货榜”和“历史同期榜”。图 5-11 所示为蝉妈妈“商品榜”界面。

图 5-10 蝉妈妈“商品榜”

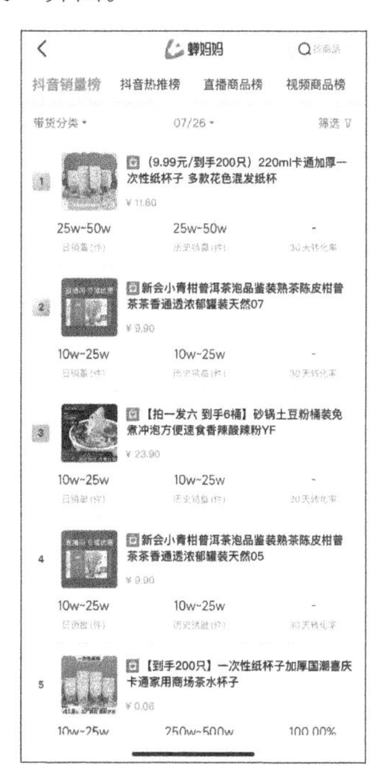

图 5-11 蝉妈妈“商品榜”界面

1. 抖音销量榜

选择“带货分类”功能，通过查找商品的不同类目，对商品进行筛选，查找自己的目标商品，如图 5-12 所示。

选择“更新日期”功能，查找商品的不同日期数据，如图 5-13 所示。更新日期是指每日 14 点更新“商品”功能页签日销量和浏览量数据。

“全部筛选”可以看到对应的商品显示列表，其中信息包括商品、价格、佣金比例、近 30 天关联达人、昨日浏览量、昨日销量、近 30 天销量和操作等信息。短视频运营者可以根据上述信息，选择适合的商品。图 5-14 所示为“全部筛选”功能的条件列表。

图 5-12 带货分类

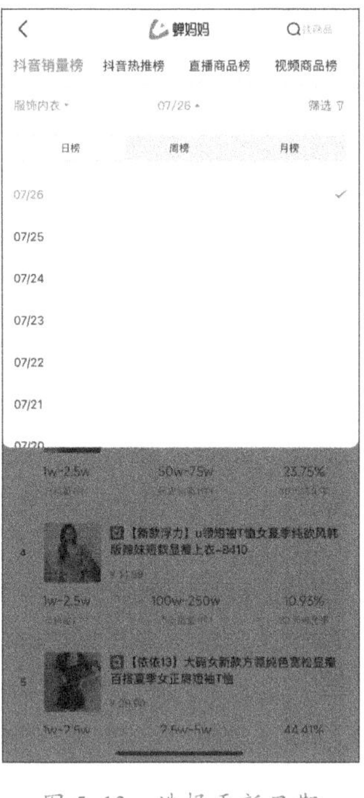

图 5-13 选择更新日期

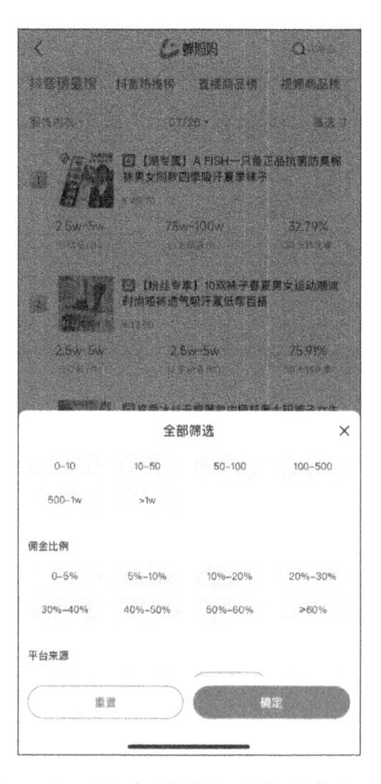

图 5-14 “全部筛选”功能的条件列表

2. 抖音热推榜

蝉妈妈平台“抖音热推榜”功能可以通过筛选商品品类、调整统计时间段、筛选价格区间和佣金比例等条件内容，查看抖音热门商品排行榜。热门排行榜中包含排名、商品、带货达人、关联直播和视频、转化率和抖音销量等信息。

短视频运营者可以针对排行榜上榜商品，结合个人具体情况，选择较为热门的商品进行短视频带货，这更有利于在抖音平台获得流量，从而赚取更多的佣金。图 5-15 所示为抖音热推榜界面。

3. 直播商品榜

“直播商品榜”功能下包括“带货分类”“直播销量”“日期选择”和“筛选”四个功能，图 5-16 所示为直播商品榜界面。

图 5-15　抖音热推榜

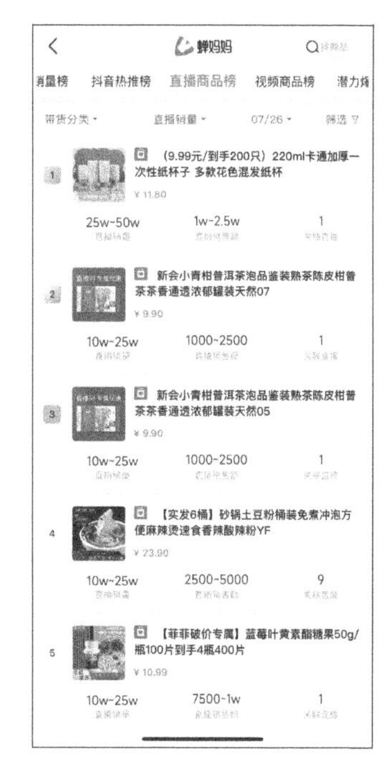

图 5-16　直播商品榜

直播商品榜功能为用户提供了详尽的数据分析和筛选工具，以便用户更好地了解直播带货市场的情况。以下是关于这四个功能的详细说明。

（1）带货分类。此功能允许用户根据不同的商品类别进行筛选，如服装、化妆品、家居用品等。用户可以通过选择特定类别，快速定位到感兴趣的商品，查看该类别下各商品的带货表现。

（2）直播销量。在此功能下，用户可以查看商品的直播销量数据。这包括商品在直播过程中的销售数量，以及销量排名。用户可以根据销量高低来判断哪些商品更受欢迎，从而为自己的直播选品提供参考。

（3）日期选择。用户可以通过日期选择功能，查看特定时间段内的商品带货数据。这有助于用户了解商品在不同时间段的销售情况，分析市场趋势，为自己的直播策略提供依据。

（4）筛选。筛选功能允许用户根据多种条件对商品进行筛选，如价格区间、销量区间、直播平台等。通过筛选，用户可以快速找到符合自己需求的商品，提高选品的效率。

综合这四个功能，用户可以全面了解直播带货市场的情况。例如，用户可以通过带货分类找到热门商品类别，然后根据直播销量和日期选择查看这些商品的销售趋势。此外，用户还可以通过筛选功能，精准定位到自己关注的商品，从而优化自己的直播带货策略。

通过检索后，可以看到相关的热门带货视频，包括排名、视频信息、分享、评论、获赞以及预估销量等信息。短视频运营者可以通过查找同类型或同款目标商品的热门带货视频，找寻这些视频能够成为热门的原因，进一步总结其中规律，应用到个人短视频创作中。

4. 视频商品榜

“视频商品榜”功能是通过检索“种草”标题或视频描述，展示相关的抖音视频。该功能有两个使用细节值得关注：第一，可以对检索结果进行高级筛选，包括数据表现、观众画像和作者类别；第二，短视频内容显示规律可分别按视频获赞数、评论数、分享数排序。上述两个细节可以帮助短视频运营者通过该功能，更加细致地了解相关可借鉴视频的详细信息，以便于匹配个人实际条件或特殊需求，更好地服务于个人短视频创作。值得注意的是，“视频商品榜”功能中统计样本是指有“种草”标记的视频。图 5-17 所示为视频商品榜界面。

5. 潜力爆品榜

“潜力爆品榜”功能是针对抖音品牌，汇总相关带货视频的数据，总结商品分享热榜。其中数据来源来自抖音官方的小店达人榜，排序规则则是按前一天成功分享商品的数量进行排名。该功能有利于帮助短视频运营者更全面地掌握抖音平台中短视频商品分享的热门方向，进一步辅助个人进行选品工作。图 5-18 所示为潜力爆品榜界面。

6. 持续好货榜

“持续好货榜”功能是针对抖音品牌，汇总相关带货视频的数据，总结商品持续好货榜热榜的原因，进一步辅助个人进行选品工作。图 5-19 所示为持续好货榜界面。

7. 历史同期榜

“历史同期榜”功能是针对抖音品牌，汇总历史同期商品带货情况。该功能有利于帮助短视频运营者更全面地掌握抖音平台中短视频商品历史同期数据，进一步辅助个人进行选品工作。图 5-20 所示为历史同期榜界面。

图 5-17 视频商品榜

图 5-18 潜力爆品榜

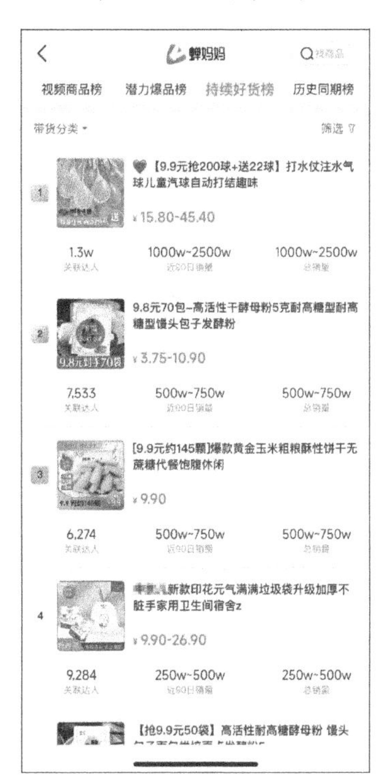

图 5-19 持续好货榜

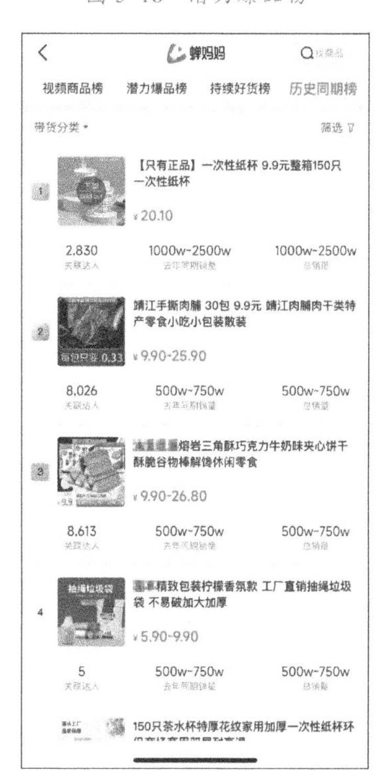

图 5-20 历史同期榜

力学笃行

利用蝉妈妈分析短视频数据

由于短视频电商的重要数据在抖音官方平台并没有被完全展示出来，对此，运营者可以借助蝉妈妈等第三方数据分析平台查看相关数据，对数据进行全面的收集、处理和分析。

以蝉妈妈数据平台为例，在“工作台”页面左侧菜单栏“视频＆素材”中，“带货视频库”和“带货视频榜”两个栏目包含了全面的带货数据和榜单排名。图 5-21 所示为“带货视频库”界面，该界面展示了“预估播放量”“点赞数”“销量”“销售额”等数据。

可以看到，在“带货视频库”界面中视频达人的粉丝数都不是平台顶尖水平的。但是，他们的短视频带货能力在整个抖音电商平台中都处于高位。因此，运营者要学会博采众长，结合自身优势，制作独具特色的短视频带货内容。

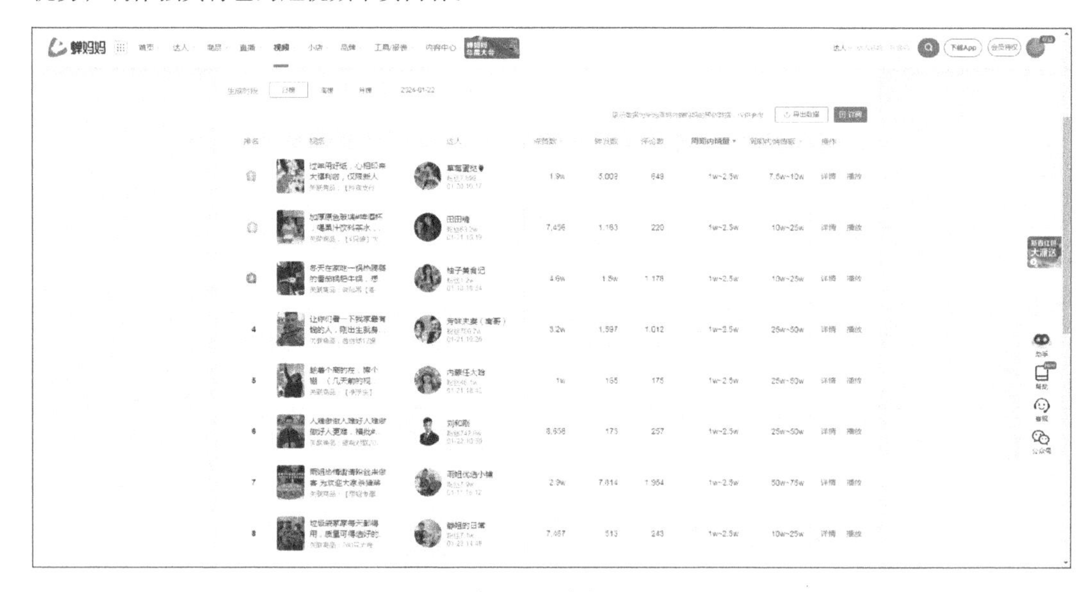

图 5-21 蝉妈妈“带货视频库”界面

活动三 运用飞瓜数据把握短视频创作热点

飞瓜数据的应用可帮助短视频创作者深入了解目标观众、热门话题和趋势，并提供有针对性的创作指导，提高创作效果和观众吸引力。

1. 短视频创作技巧

对于短视频创作，技巧有以下几种。

（1）坚持原创，持续输出。

（2）各类火爆 BGM、特效不要错过。

（3）善于发掘身边的“热点事”。

（4）紧跟热点。

（5）选题要新颖有创意。

（6）保证内容的垂直度。

（7）保证内容质量和更新频率。

（8）互动裂变。

其中，“紧跟热点”这一技巧大家应该都不陌生，但是对于稍纵即逝的流行风向以及短视频用户变幻莫测的趣味偏好，把握行业热点似乎是一件非常困难的事情。下面就从“紧跟热点”出发，通过讲解飞瓜数据这一款短视频数据分析工具，帮助大家掌握如何通过数据牢牢抓住短视频的创作热点。

2. 通过飞瓜数据把握短视频热点

（1）热门视频。在飞瓜数据平台中，“热门视频”下汇集了诸多抖音平台的热门内容，用于帮助短视频运营者学习热点、把握热点、追逐热点，最终实现流量的导入。“热门视频”界面包含三个功能，即“视频”“音乐”和“话题”，图 5-22 所示为飞瓜数据“热门视频”。

“热门视频”功能可以通过检索关键词或视频链接查找热门的抖音短视频，同时可以在分类、视频筛选、点赞数、评论数、分享数和视频时长等标准维度上进行筛选，帮助短视频运营者找到最适合自己的短视频内容，用于分析其中的创作规律，归为己用。

例如，通过检索可以查看与“美食”这一关键词相关的热门抖音短视频，可以按照发布时间进行查看视频，便于更好地掌握内容的时效性。还可以按照“点赞最多”“评论最多”和“分享最多”查看视频，以便于可以有针对性地分析用户喜欢的内容、乐于评论的内容以及乐于分享的内容等各自具有什么属性。

就短视频本身而言，会展示其发布时间、标题、点赞量、评论量、转发量、发布者和粉丝数等信息。图 5-23 所示为热门视频中“视频”。

（2）音乐。音乐是短视频重要的组成部分，不少名不见经传的音乐都是依靠抖音短视频而广为大众熟知，大放异彩。以“热门音乐”为例，榜单展示了热门音乐、总使用次数、分类以及相关热门视频等信息。其中的“分类”信息特别值得关注，图 5-24 所示为音乐分类，对应的分类分别是“网红美女”“网红帅哥”“搞笑”“情感”“剧情”“美食”等，可见不同的音乐类型会匹配不同的短视频内容。还可以通过该音乐的标签判断其搭配的短视频内容类型，更好地为内容选择配乐。图 5-25 所示为音乐详情页。

图 5-22　飞瓜数据“热门视频”

图 5-23　热门视频中“视频”

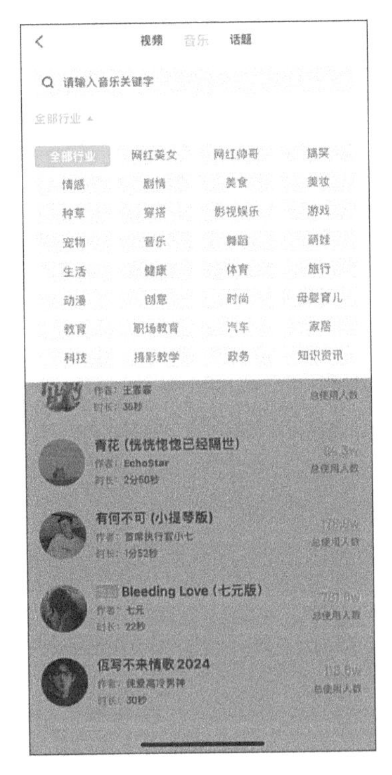

图 5-24　音乐分类

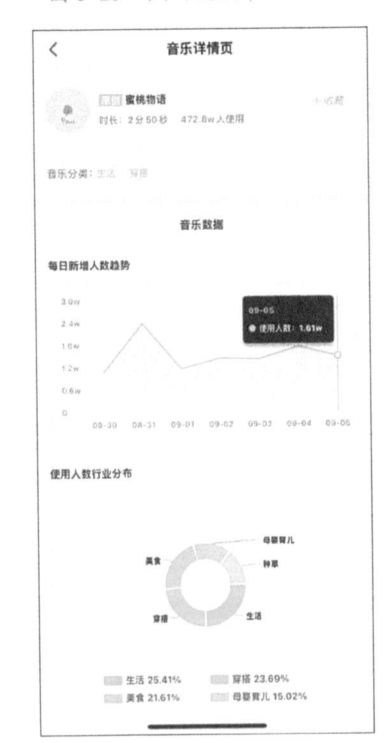

图 5-25　音乐详情页

（3）话题。“话题”功能可以展示抖音热搜话题前 50 名，可以通过统计时间段进行查看。值得注意的是，最新榜单与抖音 APP 热搜榜单一致；若选择了时间范围，则数据来自这一时间范围里，按热度峰值排序的话题。

除此之外，榜单中包括了排名、内容、热度指数、首次上榜时间、上榜次数和关联视频等信息。这里有两个概念需要注意：一是首次上榜时间，指该话题第一次登上“抖音热搜话题 TOP50”榜单的时间；二是“上榜次数”，指从首次上榜时间到最近一次更新时间里，该话题总共出现了多少次。上榜次数越多，说明该话题的热度持续时间越长。

短视频运营者可以通过该功能了解抖音的热搜话题，也可以结合话题查看相关的优质视频，把握创作方向。图 5-26 所示为飞瓜数据话题界面，图 5-27 所示为话题中的“筛选”功能。

图 5-26 飞瓜数据话题界面

图 5-27 话题中的“筛选”功能

任务四 短视频数据优化

任务描述

数据洞察，深入挖掘。

短视频数据优化对于内容创作者而言具有非常重要的意义。作为公司运营总监，小冉的任务是深入了解观众的喜好和行为模式，精准调整内容创作策略，提升短视频作品的质量和吸引力。

任务实施

活动一　提升短视频完播率

短视频数据分析优化建立在短视频数据漏斗模型上。

漏斗模型是数据分析的一种常见模型，对应了营销的各个环节。每个任务目标都需要多个步骤方可达成。将任务流程化，建立漏斗模型，根据提升难度进行排序，就形成了层层缩减的漏斗。对于这一指标来说，漏斗层级自上而下依次是完播率、点赞数、评论数、收藏数和转发数。图 5-28 所示为常见数据分析漏斗模型。

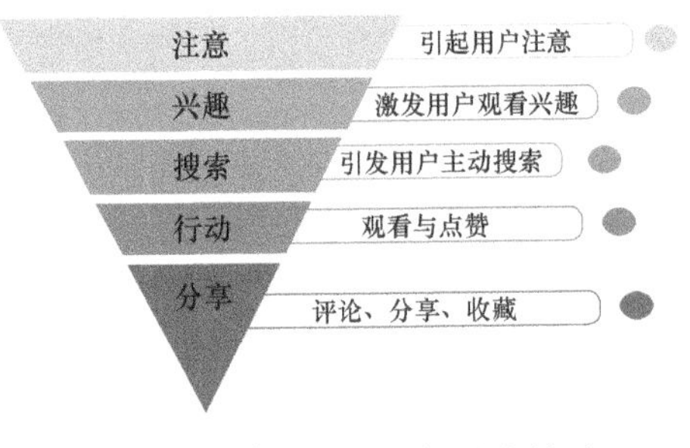

图 5-28　常见数据分析漏斗模型

如果用户点开一个短视频但没有看完，说明该短视频的内容不吸引人或者没有什么价值。提升短视频的完播率有以下几种方法。

1. 在作品中植入引导作品完播的元素

一般可在封面文案引导，比如“作品更后有彩蛋”或者“作品更后有惊喜”等。

2. 打造作品垂直度，使作品曝光到精准用户面前

短视频作品的垂直度是短视频运营的重中之重，常说的封面标题很重要，也是建立在垂直度统一的情况下，才能吸引精准用户。

3. 保证作品有内容有价值的前提下，适当缩短作品时长

适当缩短作品时长是为了防止短视频注水，避免出现用户离开的情况，因此应删掉无用的内容。

4. “爆点”前置，直奔主题

在各大短视频平台，短视频前几秒的内容很重要。最好在开头给用户提供一个有强吸引力的内容，快速切入主题，抓住用户注意力，先提高 5 秒完播率。因为用户只有几秒钟的判断时间，如果开头拖沓，没有吸引力，大部分用户就不会看完短视频。

5. 只讲重点

短视频浓缩的就是精华，切记不要在短视频里有多余的话，不要有太多铺垫，只需要讲

重点，将最精彩的部分提前，这样才能吸引用户看完整个短视频。

6. 制造冲突

可以在短视频里面设置有争议的观点，制造矛盾冲突，吸引用户发表自己的观点，讨论留言。

7. 脚本构造

脚本一定要有起承转合。无论是什么样的脚本，都应该留有悬念、有否定、有质疑、有“后面有干货”的预期，这样用户才会有兴趣继续看下去。

8. 画面精致

画面精致的短视频通常给人一种品质感和专业度，能够让用户觉得内容更有价值，从而提升用户对内容的信任度。这对于个人和品牌来说都是非常重要的，能够建立良好的形象和口碑。

9. 注意背景音乐

音乐在抖音上的重要性主要体现在增强短视频的观赏性，塑造短视频的氛围和情感，以及提升用户互动和分享度等方面。音乐可以增强短视频的观赏性，使得短视频更加生动有趣。通过选择合适的音乐配合短视频内容，能够吸引用户的注意力，提高用户的观看体验。

力学笃行

背景音乐是短视频的灵魂

在短视频世界中，背景音乐是一种无声的表达，是一种情感的传达。它可以为短视频增添情绪、烘托氛围，甚至在一定程度上引导用户的情感体验。背景音乐的选择和运用非常重要，因为它能够在没有言语的情况下，表达出短视频创作者想要传达的情感和意思。

在短视频内容到达爆发点的时代，背景音乐更是短视频的灵魂所在。无论是创意内容还是商业营销，都离不开一个好的声音设计。因此，在制作短视频的过程中，不论是创作者还是用户，都应该认识到背景音乐的重要性，它可以让一个普通的短视频变得生动有趣，让观众回味悠长。

活动二　提升短视频点赞数和评论数

1. 提升短视频的点赞数

点赞数是体现用户对短视频内容是否喜爱的关键指标，提升短视频点赞数有以下几种方法。

（1）在结尾处刺激用户点赞。数据显示，抖音的大部分用户的点赞时刻是接近短视频结束时，这就需要短视频对用户有强烈的吸引力，并能让用户把短视频看完。当用户看完时，需要设置一个点，刺激用户点赞。

例如，把最具有启发的内容放在结尾位置，触动用户的心弦，让用户认为这么好的内容，必须点赞；或者在结尾处加入转折，给人一种出其不意的感觉，让人看完短视频后觉得这个创意有意思，值得点赞。

（2）在视频中进行暗示。很多短视频创作者通常会让用户做一个关于短视频的小承诺，比方说会在标题和内容里加一句“看完一定要点赞”等。等用户看完之后，点赞的概率就会大大提高，因为用户一旦继续往下看了，这就相当于做了一个小小的承诺。

（3）做有价值的内容，提醒用户点赞收藏。很多用户常常会遇到这样的问题，看到一个非常不错的短视频内容，下次还想再找来看，就很难找到。有经验的用户通常会选择点赞，在下次要找该视频的时候直接翻开点赞列表就可以很快找到了。

（4）利用观众的从众心理。个人受到外界人群行为的影响，在自己的知觉、判断、认识上表现出符合于公众舆论或多数人的行为方式就是从众心理。很多人都会看到别人正在做，就觉得这一种行为是恰当的。所以，当一个短视频的点赞量很高的时候，大部分人也会下意识地点赞。

2. 提升短视频的评论数

一个短视频评论数的多少意味着用户对短视频内容感兴趣的程度。可以通过以下方法提升短视频的评论数。

（1）增加信息量。在短时间内表达大量观点，这就大大增加了信息量。观点越多，用户获取的信息就会越多。当信息较多时，难免会有一些观点与用户产生共鸣或者引发争议，这时，用户就会通过评论来表达自己的观点。

（2）制造话题。在短视频中制造话题，能非常有效地引发用户互动。当用户认同时，用户就可能会产生“还真是这样”的想法；而当用户不认同短视频中的观点时，就可能会在评论区里表达自己的看法。无论用户是否认同，只要制造了话题，用户都会愿意参与评论。

（3）回复评论。及时回复用户的评论，能够增加用户互动感和参与度，从而提高评论数。回复评论时，可以积极与用户互动、回答问题、表示感谢等。

活动三　提升短视频收藏和转发数

如果作品能有效地增加评论数，其实也就能理解如何增加转发数。可以通过同样的思路来增加收藏和转发数，这个思路就是增强话题感，引发用户的表达欲望，特别是增强用户的认同感。所谓认同感，是指这条视频让用户感同身受，说出了用户一直想说的话。当视频的话题感足够强时，用户就会收藏和转发，让更多的人看到自己认同的东西。

除此之外，还可以使用以下几种方法来推动用户对短视频进行收藏或转发。

1. 传递同等价值观

在引发用户转发的时候强调的是一种内容的共鸣。传递同等价值观，这样可以提升用户的认同感。所以，富有正能量的短视频内容其实是很受欢迎的，加上适当的幽默感和恰到好处的表达，就能够博得用户的好感。另外，内容不能脱离目标用户的身份，应设身处地地设想内容，营造贴合用户身份的环境，引起目标用户强烈的共鸣。

2. 有用的内容

这种技巧比较好操作，即内容对用户有用就可以。一个推荐书单、一个游戏攻略或者一个下载地址都可以成为对用户有用的东西。比如做生活类的短视频栏目，每天更新一个实用的小技巧，这样的内容都能得到不错的转发量，因为这个技巧对用户是有帮助的。

3. 培养用户的参与感

培养用户的参与感非常重要。具有一定争议的话题，同样能够引起用户的投票和讨论。但是要注意在评论区做好引导，如果策划得好，这种类型的短视频转发量也会比较高。

4. 感染自己的粉丝用户

要注意感染自己的粉丝用户，简单来说就是不要高高在上。另外，也要常与粉丝用户互动，增强粉丝用户的黏性。

课堂讨论：思考还可以使用哪些方法对短视频数据指标进行优化。

力学笃行

数据背后的意义

根据短视频平台的算法机制，点赞率、评论率等互动数据表现越好，就越容易得到系统的推荐。例如，抖音平台的视频播放量是由完播率、点赞率、评论率、转发率这几个核心指标计算出来的。因此，要想打造爆款短视频，就必须想办法提升这些核心指标。

1. 完播的背后是精彩

完播率是指点开短视频后看完整条短视频的用户占比。完播的背后是内容足够精彩，具有极强的吸引力。一般来说，短视频的完播率达到 1% 就可以上热门。

2. 点赞的背后是认同

点赞率是指观看短视频的同时进行点赞的用户占比。短视频的点赞率达到 3% 就可以上热门。用户点赞的背后是对短视频内容的认同，用户产生了“说得好”“的确是这样”“我就是这样的”“说出了我想说的”“真的很有意思”“这正是我想要的”之类的想法。

3. 评论的背后是参与

评论率是指观看短视频后发表评论的用户占比。短视频的评论率达到 1% 就可以上热门。评论不是简单地说一句“请给我评论”就能成功引导的，而是必须真正激发用户的参与感。

4. 转发的背后是有用

转发率是指观看短视频后进行转发的用户占比。短视频的转发率达到 1% 就可以上热门。与评论不同，转发的背后是用户觉得短视频的内容有用，满足了自己的某种需求。

模块总结

本模块系统学习了短视频数据分析的各个方面，涵盖了短视频推广、数据分析方法、工具、策略、数据选品以及短视频数据优化等核心内容。经过学习，学生将能够熟练运用短视频推广策略，理解关键数据指标的含义，掌握数据分析工具和方法，并根据企业的具体需求和产品特性，制定出有效的视频优化策略，从而增强企业的盈利能力。

素养提升课堂

数据成为新质生产力——伞叔雷鹏琳的短视频创业之路

2014 年，伞业出口市场的红利吸引着雷鹏琳在浙江绍兴开办了自己的伞厂。他对这个行业充满了期望，相信自己能够在激烈的竞争中脱颖而出。然而，现实总是残酷的。随着越来越多竞争者的加入，市场变得饱和，伞的销量急剧下滑，雷鹏琳感到前所未有的压力和困惑。在这样的困境中，雷鹏琳没有放弃，他开始在网络上寻找新的突破口。他创建了自己的短视频账号，开始在社交媒体上分享自己伞厂的产品和故事。他发现，通过短视频平台，能够更直接地与消费者沟通，了解他们的需求和喜好。在一次偶然的机会中，雷鹏琳在自己的短视频账号上展示了一款带有手电筒的伞，这个创意意外地获得了网友们的喜爱。他迅速捕捉到了这个信息，意识到创新和特色是吸引消费者的关键。于是，他开始鼓励网友们在评论区留下他们对伞的设计想法和建议。雷鹏琳将这些评论视为宝贵的创意源泉，他的工厂开始将这些奇思妙想变成现实。夏天，工厂推出了带风扇的伞，为户外活动者提供凉爽；雨季，他们设计了带有垂帘的挡雨伞，为行人提供个人保护；甚至为垂钓爱好者打造了带钓鱼座的伞。这些独特的产品在短视频平台上迅速走红，雷鹏琳的粉丝数量快速增加。到了 2024 年，雷鹏琳的伞厂已经成功地转型，从滞销危机中走出，销量激增。他不仅在这一年中帮助 90 位网友实现了他们的愿望，还吸引了大批年轻消费者。他的伞厂成为市场上的佼佼者，而他也被粉丝们亲切地称为“伞叔”。

雷鹏琳的短视频内容充满了创意和趣味性，他通过直观的动作和实验展示伞的性能，吸引了大量用户的关注和喜爱。他的短视频不仅有高观看量和互动率，还大幅提升了伞的销量。他的年销量翻了 4 倍，成为抖音电商上的热门创作者。

案例分析：雷鹏琳的创业故事展示了数据优化在短视频创业中的重要性。他通过深入分析用户数据，了解用户需求，优化内容策略，不断创新和调整产品，最终实现了创业成功。他的故事激励着更多的创业者，证明了坚持和创新是实现梦想的关键。

课后练习

一、选择题

1. 以下哪个选项是抖音平台的算法漏斗机制？（　　）

A. 用户行为数据的收集和分析　　B. 用户画像的建立和更新

C. 内容标签的识别和分类　　D. 以上答案都对

2. 对短视频进行分析的过程中，哪个不是其固有数据？（　　）

A. 发布时间　　B. 视频时长

C. 发布渠道　　D. 播放量

3. 以下哪个数据不属于短视频互动数据？（　　）

A. 点赞量　　B. 评论数

C. 收藏量　　D. 转发量

E. 视频时长

4. 以下哪项不是提升短视频的评论数的方法？（　　）

A. 增加信息量　　B. 多拍作品

C. 制造话题　　D. 回复评论

二、判断题

1. 各短视频账号运营一段时间后，吸引流量的能力是平等的。（　　）

2. 同理抖音的算法和推荐机制，即通过标签来帮助运营者推荐内容给目标用户。（　　）

3. 短视频账号数据分析对于了解用户需求、优化内容策略、评估营销效果、监测竞争态势和制定长期规划等方面都具有重要意义。（　　）

参考文献

[1] 郭韬，刘琴琴. 短视频制作实战：策划 拍摄 制作 运营 全彩慕课版 [M]. 北京：人民邮电出版社，2020.

[2] 麓山剪辑社. 剪映视频剪辑 / 调色 / 特效从入门到精通：手机版 + 电脑版 [M]. 北京：人民邮电出版社，2023.

[3] 唐铮，刘畅，佟海宝. 短视频运营实战 [M]. 北京：人民邮电出版社，2021.

[4] 李朝辉，程兆兆，郝倩，等. 短视频营销与运营 [M]. 北京：人民邮电出版社，2021.

[5] 刘庆振，安琪，郭鹏，等. 短视频运营：从入门到精通 [M]. 北京：人民邮电出版社，2022.

[6] 王冠宁，张光，张瀛，等. 短视频创作实战 [M]. 北京：人民邮电出版社，2022.

机工教育微信服务号

ISBN 978-7-111-77259-0

策划编辑◎**董宇佳 胡延斌** /封面设计◎**王旭**

定价：49.00元（含任务工单

任务工单

任务工单一 平台认知

学院 / 系别：________　　专业：________

姓　　名：________　　学号：________

一、接受工作任务

艾特佳电商公司想要在短视频领域取得成功，需要深入了解抖音、快手、视频号、好看视频、TikTok 等平台的特点和定位，根据不同平台的目标受众及变现途径，制订相应的策略。

二、任务分析

1. 目前主流的短视频平台的特点有哪些？举例说出几个优秀短视频账号。

平台名称	平台特点	优秀短视频账号
抖音		1. 2. 3.
快手		1. 2. 3.
视频号		1. 2. 3.
好看视频		1. 2. 3.
TikTok		1. 2. 3.

2. 写出短视频的变现盈利模式及优秀账号有哪些。

变现盈利模式	优秀短视频账号
电商导流带货	1. 2. 3.
广告植入	1. 2. 3.
直播带货	1. 2. 3.
内容付费	1. 2. 3.

三、计划与实施

请同学们根据所学知识，完成以下任务：

（1）下载并安装抖音平台，了解该平台的特点，并写下来；

（2）下载并安装快手平台，了解该平台的特点，并写下来；

（3）下载并安装视频号平台，了解该平台的特点，并写下来；

（4）下载并安装好看视频平台，了解该平台的特点，并写下来；

（5）下载并安装 TikTok 平台，了解该平台的特点，并写下来。

四、评价与反馈

请教师根据学生在此次任务中的表现进行评价。

序号	评价标准	分值	得分
1	明确工作任务	10	
2	掌握工作任务知识与技能要点	10	
3	制订工作任务计划合理可行	5	
4	各平台特点掌握准确	15	
	各平台优秀短视频账号举例正确	10	
	各平台变现盈利模式描述准确	15	
	各平台变现模式账号举例正确	10	
5	完成工作任务符合要求	10	
6	复盘工作任务经验到位	15	
合计（满分 100 分）			

任务工单二　团队搭建

学院 / 系别：＿＿＿＿＿＿＿＿　专业：＿＿＿＿＿＿＿＿

姓　　名：＿＿＿＿＿＿＿＿　学号：＿＿＿＿＿＿＿＿

一、接受工作任务

艾特佳电商公司计划进军短视频平台，首先就要搭建一支专业、高效的短视频运营团队。团队搭建时，首先需要考虑各岗位的能力需求，并合理配置资源，确保团队的效率和质量。

二、任务分析

为搭建公司短视频团队，团队中每个岗位职责与任职要求有哪些？

岗位名称	岗位职责	任职要求
编导 / 策划岗位	1. 2. 3.	1. 2. 3.
视频拍摄岗位	1. 2. 3.	1. 2. 3.
视频剪辑岗位	1. 2. 3.	1. 2. 3.
运营推广岗位	1. 2. 3.	1. 2. 3.

三、计划与实施

请同学们根据所学知识，完成以下任务：

（1）只有一人的团队，需要完成哪些工作才能保证短视频账号正常运营？举例说明。

（2）组建一支3～5人的团队，需要哪些岗位，各岗位职责是怎样的？任职要求有哪些？举例说明。

（3）组建一支5人以上的团队，需要哪些岗位，各岗位职责是怎样的？任职要求有哪些？举例说明。

四、评价与反馈

请教师根据学生在此次任务中的表现进行评价。

<table>
<tr><th>序号</th><th>评价标准</th><th>分值</th><th>得分</th></tr>
<tr><td>1</td><td>明确工作任务</td><td>10</td><td></td></tr>
<tr><td>2</td><td>掌握工作任务知识与技能要点</td><td>10</td><td></td></tr>
<tr><td>3</td><td>制订工作任务计划合理可行</td><td>5</td><td></td></tr>
<tr><td rowspan="3">4</td><td>团队分工合理</td><td>20</td><td></td></tr>
<tr><td>岗位职责清晰</td><td>20</td><td></td></tr>
<tr><td>任职要求明确</td><td>10</td><td></td></tr>
<tr><td>5</td><td>完成工作任务符合要求</td><td>10</td><td></td></tr>
<tr><td>6</td><td>复盘工作任务经验到位</td><td>15</td><td></td></tr>
<tr><td colspan="3">合计（满分100分）</td><td></td></tr>
</table>

学院/系别：＿＿＿＿＿＿ 专业：＿＿＿＿＿＿

姓　　名：＿＿＿＿＿＿ 学号：＿＿＿＿＿＿

一、接受工作任务

艾特佳电商公司的短视频团队进军短视频平台，要创立一个专注于推广非物质文化遗产——剪纸艺术的账号，开启创作之旅。团队的任务是要注册好账号，并完成账号装修工作。

二、任务分析

为完成剪纸艺术账号装修，请填写以下内容。

账号元素	基本要求	账号设置
名称		
签名		
头像		
背景图		

三、计划与实施

请同学们根据所学知识，完成以下任务：

（1）下载抖音 APP，根据指引完成账户认证；

（2）设置一个符合剪纸工艺账号定位的名称，并满足平台规则；

（3）为账号撰写一个简短的签名，介绍账号的定位、分享内容以及更新频率等；

（4）选择一个符合剪纸工艺定位的高清图片作为头像并满足平台规则；

（5）选择一个符合剪纸工艺定位的背景图，与头像相互呼应。

四、评价与反馈

请教师根据学生在此次任务中的表现进行评价。

序号	评价标准	分值	得分
1	明确工作任务	10	
2	掌握工作任务知识与技能要点	10	
3	制订工作任务计划合理可行	5	
4	名称符合账号定位	10	
	签名新颖	10	
	头像符合定位	15	
	背景图与头像相呼应	15	
5	完成工作任务符合要求	10	
6	复盘工作任务经验到位	15	
合计（满分 100 分）			

任务工单四　账号定位

学院/系别：____________　专业：____________

姓　　名：____________　学号：____________

一、接受工作任务

艾特佳电商公司的短视频团队已创建了一个剪纸艺术的账号。为实现该账号的精准定位，团队需设计并执行一系列多元化的操作策略，以确保账号能够有效吸引目标用户，并达成既定的宣传目标。

二、任务分析

1. 短视频账号的整体定位可以采用正向定位、反向定位、产品定位和平台定位等策略。结合产品特点，写出本账号整体定位的操作方法。

定位方法	定位内容
正向定位	
反向定位	
产品定位	
平台定位	

2. 本账号人设定位的核心要素及作用有哪些?

定位核心要素	作用
理念重塑	
形象与个性的记忆点设计	
账号内容与自身兴趣爱好的契合	
满足用户需求	

3. 本账号内容定位方向有哪些方面?

定位方向	内容
基于垂直细分领域的选择与输出	
人群细分	
发掘并深耕最擅长的领域	

三、计划与实施

请同学们根据所学知识，完成以下任务：

(1)找出自己账号的整体定位有哪些方面，并记录下来；

(2)找出自己账号的人设定位有哪些方面，并记录下来；

(3)找出自己账号的内容定位有哪些方面，并记录下来。

四、评价与反馈

请教师根据学生在此次任务中的表现进行评价。

序号	评价标准	分值	得分
1	明确工作任务	10	
2	掌握工作任务知识与技能要点	10	
3	制订工作任务计划合理可行	5	
4	账号整体合理	15	
	账号人设定位合理	15	
	账号内容定位合理	20	
5	完成工作任务符合要求	10	
6	复盘工作任务经验到位	15	
合计(满分100分)			

任务工单五 内容策划与素材库建立

学院 / 系别：________________ 专业：________________

姓　　名：________________ 学号：________________

一、接受工作任务

艾特佳电商公司在短视频平台注册了账号，分享剪纸技艺。但最近遇到了创作瓶颈，账号的数据不太好，流量有所下滑。为了激发创作灵感，改善账号状况，现要求对账号内容进行策划，并建立素材库。

二、任务分析

1．本账号寻找热点选题有哪些方法？

平台	操作方法
微博热搜榜	
知乎热榜	
搜狗微信	
平台热榜搜索	
微信热点	
新榜 10W+	
百度搜索风云榜	
360 趋势	
百度指数	
抖音热搜	
头条指数	

2. 本账号内容策划主要方法有哪些？

方法	内容策划
模仿法	
场景扩展法	
代入法	
反转法	
嵌套法	

3. 本账号素材库建立的方法有哪些？

素材库	建立方法
标题库	1. 2. 3.
选题库	1. 2. 3.
转载备选库	1. 2. 3.
短视频素材库	1. 2. 3.
灵感思考库	1. 2. 3.

三、任务实施

请同学们根据所学知识，完成以下任务：

（1）根据本账号定位，寻找热点选题；

（2）用不同的方法对本账号进行内容策划；

（3）建立本账号的素材库。

四、评价与反馈

请教师根据学生在此次任务中的表现进行评价。

序号	评价标准	分值	得分
1	明确工作任务	10	
2	掌握工作任务知识与技能要点	10	
3	制订工作任务计划合理可行	5	
4	积极寻找热点选题	15	
	内容策划合理	15	
	素材库建立丰富	20	
5	完成工作任务符合要求	10	
6	复盘工作任务经验到位	15	
合计（满分 100 分）			

任务工单六 脚本撰写

学院 / 系别：________________ 专业：________________

姓　　名：________________ 学号：________________

一、接受工作任务

艾特佳电商公司的短视频账号，专注于分享原创的非遗作品剪纸的制作。然而最近，用户反馈视频内容单一且缺少吸引力，为了突破这一困境，改进视频制作，公司决定提升短视频脚本的撰写能力。

二、任务分析

本任务为了解决创作短视频内容单一的问题，特别是形式和内涵上的单一性问题，决定借鉴优秀的案例，并进行扎实的脚本撰写，为后面的作品拍摄打好基础。

1. 短视频创作思路是什么?

步骤	说明
选题名称	
视频描述	
内容形式	
选题定位	
创作大纲	
撰写分镜头脚本	

2. 撰写分镜头脚本。

要素	解析
镜号	
景别	
时长	
运镜	
拍摄场景	
画面内容	
音乐音效	

三、任务实施

请同学们根据所学知识和技能，在手机端或计算机端创作文学脚本和分镜头脚本，完成以下任务：

（1）根据内容要求进行选题；

（2）撰写脚本大纲；

（3）撰写文学脚本；

（4）撰写分镜头脚本。

四、评价与反馈

请教师根据学生在此次任务中的表现进行评价。

序号	评价标准	分值	得分
1	明确工作任务	10	
2	掌握工作任务知识与技能要点	10	
3	制订工作任务计划合理可行	5	
4	选题符合主题	10	
	脚本大纲合理	15	
	文学脚本内容丰富	15	
	分镜头脚本数量合理	10	
5	完成工作任务符合要求	10	
6	复盘工作任务经验到位	15	
合计（满分100分）			

任务工单七 短视频拍摄设备

学院 / 系别：______________ 专业：______________

姓　　名：______________ 学号：______________

一、接受工作任务

为了提高拍摄水平，艾特佳电商公司短视频团队需要熟练掌握各种拍摄设备的操作技巧，包括相机、摄像机、稳定器、灯光设备和音频设备等，以确保拍摄过程中画面清晰、稳定，音频清晰，从而提高视频质量和观赏性，吸引更多受众。

二、任务分析

本任务为了更好地练习使用短视频拍摄设备，学习各种设备的技术参数及作用，对各种设备能正确连接，确保正常工作，完成以下准备工作。

设备	参数要求
手机	
相机	
摄像机	
稳定器	
灯光	
网络设备	

三、任务实施

请同学们根据短视频需求，在宿舍、家里或其他方便的场所进行短视频拍摄，实施如下：

（1）选择适合拍摄需求的手机，考虑其性能、屏幕大小、摄像头质量等因素；

（2）选配手机支架，用于固定手机并保证拍摄角度和稳定性；

（3）考虑使用耳麦或话筒，以便更清晰地录制声音；

（4）如果有需要，可以选配音响，增强声音的清晰度和质感；

（5）根据拍摄需求选择合适的灯光设备，如 LED 灯、摄影灯等，以提供适当的照明；

（6）进行手机的网络配置，确保拍摄过程中的网络连接稳定。

四、评价与反馈

请教师根据学生在此次任务中的表现进行评价。

序号	评价标准	分值	得分
1	明确工作任务	10	
2	掌握工作任务知识与技能要点	10	
3	制订工作任务计划合理可行	5	
4	手机参数设置正确	10	
	手机支架使用合理	10	
	收音设备使用正确	10	
	灯光设备使用合理	10	
	网络设备设置合理	10	
5	完成工作任务符合要求	10	
6	复盘工作任务经验到位	15	
合计（满分 100 分）			

任务工单八 短视频拍摄

学院 / 系别：________________ 专业：________________

姓　　名：________________ 学号：________________

一、接受工作任务

艾特佳电商公司在短视频制作过程中，经常要根据主题要求进行拍摄。随着技术的升级，智能手机小巧轻便，拍摄视频的质量也足够。现在要求利用手机拍摄一段 3 ～ 5 分钟的短视频素材。

二、任务分析

本任务为确保拍出高质量视频作品，要有扎实的拍摄基本功，提升摄影技巧，迈向更高水平。

1. 梳理各拍摄构图方法的作用。

构图方法	作用
三分法构图	
黄金分割法构图	
中心构图	
框架构图	
前景构图	

2. 梳理各拍摄景别的作用。

景别名称	作用
特写	
近景	
中景	
全景	

3. 梳理各拍摄光线的作用。

光线名称	作用
顺光（正面光）	
逆光（背光）	
侧光（侧面光）	
侧逆光（侧背光）	

4. 梳理各拍摄运镜的作用。

运镜名称	作用
推拉镜头	
摇镜头	
移动镜头	
跟拍镜头	

三、任务实施

请同学们根据所学知识，自拟主题，设置好拍摄比例，拍摄3～5分钟室外风景：

（1）利用三分法、中心、框架等构图方法各拍一组视频素材；

（2）利用特写、近景、中景、全景等各拍一组视频素材；

（3）利用顺光、逆光、侧光、侧逆光等各拍一组视频素材；

（4）利用推拉镜头、摇镜头、移动镜头、跟拍镜头等各拍一组视频素材。

四、评价与反馈

请教师根据学生在此次任务中的表现进行评价。

序号	评价标准	分值	得分
1	明确工作任务	10	
2	掌握工作任务知识与技能要点	10	
3	制订工作任务计划合理可行	5	
4	视频构图合理	10	
	视频景别运用合理	10	
	视频光线运用合理	10	
	视频运镜合理	10	
	视频整体效果好	10	
5	完成工作任务符合要求	10	
6	复盘工作任务经验到位	15	
合计（满分 100 分）			

任务工单九　短视频剪辑

学院 / 系别：________________　专业：________________

姓　　名：________________　学号：________________

一、接受工作任务

艾特佳电商公司已完成了非遗剪纸素材的拍摄工作，接下来要完成的任务是用剪辑软件对视频进行适当的比例裁剪，选择所需的片段进行合成。使用调色工具来调整视频色调使其统一协调，添加字幕以增强视觉效果，选择合适的背景音乐或音效增强视频的感染力，作品制作完成后导出视频。

二、任务分析

对视频素材进行剪辑与修饰。

方法	操作步骤
视频裁剪	1. 2. 3.
视频调色	1. 2. 3.
添加字幕	1. 2. 3.
添加音效	1. 2. 3.
添加转场	1. 2. 3.

（续）

方法	操作步骤
添加特效	1. 2. 3.
视频导出	1. 2. 3.

三、任务实施

请同学们根据前面拍摄的视频素材，进行后期编辑，形成一个完整的作品：

（1）删除多余镜头片段；

（2）调整镜头顺序，合成视频素材；

（3）添加过渡效果；

（4）调整视频色调、亮度和对比度；

（5）添加字幕和音效；

（6）导出视频。

四、评价与反馈

请教师根据学生在此次任务中的表现进行评价。

序号	评价标准	分值	得分
1	明确工作任务	10	
2	掌握工作任务知识与技能要点	10	
3	制订工作任务计划合理可行	5	
4	衔接自然流畅	10	
	画面色调统一	10	
	字幕无错别字	10	
	特效合理	10	
	音效有感染力	10	
5	完成工作任务符合要求	10	
6	复盘工作任务经验到位	15	
合计（满分 100 分）			

任务工单十 制作封面与片尾

学院 / 系别：______________ 专业：______________

姓　　名：______________ 学号：______________

一、接受工作任务

作为一名短视频账号运营者，前面已经完成了图片拍摄，现需要为主题是“青春剪影：假日剪纸文化探索之旅”的视频进行系列视频封面以及片尾设计。封面设计涉及图片素材选配、图片的校正处理、图像的合成等综合性问题，片尾设计引导粉丝互动的元素。

二、任务分析

本任务为了提高创作者的素材挑选能力和图片处理能力，制作高质量的短视频封面及片尾，更好地提高作品的可见性和观看次数。

1. 封面制作要求与说明。

要求	说明
画面主题清晰明了	
文字、图案贴合主题	
画面排版构图合理	
有创意有视觉卖点	
统一系列风格	

2. 片尾制作要求与说明。

要求	说明
互动引导	
品牌特色	
版权声明	

三、任务实施

请同学们根据所学知识，完成以下任务：

1. 封面制作

（1）根据主题选配一张照片，用修图软件对其进行优化，包括图片尺寸、角度校正、色彩校正等；

（2）结合主题在图片中搜索并添加合适的素材，如文字素材、边框素材、贴图元素等；

（3）对图片及素材进行图像合成、特效添加等操作，完成视频封面制作；

（4）用第三方工具完成封面裁切，形成系列视频封面。

2. 为账号制作片尾

（1）在片尾中添加相关要求，如引导观众关注、分享、点赞、互动等；

（2）保持片尾风格的一致性。

四、评价与反馈

请教师根据学生在此次任务中的表现进行评价。

序号	评价标准	分值	得分
1	明确工作任务	10	
2	掌握工作任务知识与技能要点	10	
3	制订工作任务计划合理可行	5	
4	封面画面主题清晰明了	10	
	封面文字类型选择、图案添加贴合主题	10	
	封面有创意有视觉卖点	10	
	封面文字主次分明	10	
	片尾有互动引导	10	
5	完成工作任务符合要求	10	
6	复盘工作任务经验到位	15	
合计（满分 100 分）			

任务工单十一 短视频发布

学院/系别：____________　　专业：____________

姓　　名：____________　　学号：____________

一、接受工作任务

艾特佳电商公司运营团队成员制作了一条介绍本地非遗剪纸的视频，由于内容时效性强，需要尽快发布到短视频平台。任务包括设置清晰符合内容的视频封面，撰写标题并@非遗传承技艺。选择合适话题，在30分钟内成功发布视频到抖音平台。

二、任务分析

本任务要求创作者能够了解标题以及发布视频的要求。一条视频制作完成后，制作标签话题、进行发布等都非常的重要，这是用户了解视频内容最重要的一步。

1. 撰写视频标题的技巧；
2. 计算机端发布视频；
3. 手机端发布。

项目		方法	案例
视频标题	撰写标题		
	用“#”关联合适话题		
	使用@功能		
视频上传	计算机端上传		
	手机端上传		
	选择发布时间		

三、任务实施

请同学们完成以下操作：

（1）提前准备好视频封面与片尾；

（2）撰写作品描述，包含文字描述、话题和 @ 功能；

（3）选择合适的发布时间；

（4）使用手机 APP 完成作品发布流程。

四、评价与反馈

请教师根据学生在此次任务中的表现进行评价。

序号	评价标准	分值	得分
1	明确工作任务	10	
2	掌握工作任务知识与技能要点	10	
3	制订工作任务计划合理可行	5	
4	作品描述清晰、详细、有吸引力，能够吸引用户点击观看	10	
	合适地 @ 相关账号或用户	10	
	选择适合的话题标签	10	
	视频成功发布	10	
	发布时间合理	10	
5	完成工作任务符合要求	10	
6	复盘工作任务经验到位	15	
合计（满分 100 分）			

任务工单十二　利用 AIGC 技术制作短视频

学院 / 系别：＿＿＿＿＿＿＿＿　专业：＿＿＿＿＿＿＿＿

姓　　名：＿＿＿＿＿＿＿＿　学号：＿＿＿＿＿＿＿＿

一、接受工作任务

艾特佳电商公司希望通过使用剪映的 AIGC 技术，更快速、更有效地制作出引人入胜的短视频内容。利用 AIGC 技术自动生成高质量的素材，优化剪辑流程，调整色调，并添加字幕和音效，提升视频的质量和视觉吸引力。帮助公司提高制作效率，进一步提升品牌影响力。

二、任务分析

利用剪映 AIGC 技术，对拍摄的素材进行编辑。

方法	操作步骤	导出新片
AI 作图	1. 2. 3.	
图文成片	1. 2. 3.	
营销成片	1. 2. 3.	
智能抠图	1. 2. 3.	
AI 商品图	1. 2. 3.	
声音克隆	1. 2. 3.	

三、任务实施

请同学们根据前面拍摄的视频素材，利用 AIGC 技术进行后期编辑，形成一个完整的作品：

（1）导入素材：打开剪映应用，进入素材库，选择并导入之前拍摄的视频素材。

（2）智能剪辑：利用剪映的 AIGC 智能剪辑功能，输入关键词或文本，让 AI 工具自动剪切和拼接视频素材，调整色彩、对比度、亮度等，以及应用滤镜和特效。

（3）智能字幕：利用 AIGC 技术自动生成视频字幕，根据需要进行调整和编辑。

（4）内容创作：根据用户输入的文本，AIGC 技术提供创意点子和脚本模板，帮助用户创作出符合当下流行趋势的内容。

（5）导出作品：完成编辑后，选择合适的分辨率和格式进行保存或分享到社交平台。

四、评价与反馈

请教师根据学生在此次任务中的表现进行评价。

序号	评价标准	分值	得分
1	明确工作任务	10	
2	掌握工作任务知识与技能要点	10	
3	制订工作任务计划合理可行	5	
4	衔接自然流畅	10	
	画面色调统一	10	
	字幕无错别字	10	
	特效合理	10	
	音效有感染力	10	
5	完成工作任务符合要求	10	
6	复盘工作任务经验到位	15	
合计（满分 100 分）			

任务工单十三 短视频推广

学院 / 系别：________ 专业：________

姓　　名：________ 学号：________

一、接受工作任务

艾特佳电商公司运营团队发布了短视频作品，计划通过多种方式在短视频平台和其他社交平台内外进行推广，以增加作品的传播度和吸引更多观众关注，对短视频作品进行全方位推广。

二、任务分析

对编辑的短视频作品进行全方位推广。

<table>
<tr><th colspan="2">推广名称</th><th>操作方法</th><th>推广案例</th></tr>
<tr><td rowspan="2">站内推广</td><td>分享</td><td>1.
2.
3.</td><td></td></tr>
<tr><td>话题挑战</td><td>1.
2.
3.</td><td></td></tr>
<tr><td rowspan="2">站外推广</td><td>微信群推广</td><td>1.
2.
3.</td><td></td></tr>
<tr><td>朋友圈推广</td><td>1.
2.
3.</td><td></td></tr>
</table>

（续）

推广名称		操作方法	推广案例
站外推广	微博推广	1. 2. 3.	
	短视频评论推广	1. 2. 3.	

三、任务实施

请同学们发布一条短视频，完成以下操作：

（1）从话题挑战发布这条作品，并在自己的抖音粉丝群、微信粉丝群分享链接；

（2）同步在自己的微信朋友圈和微博发布该短视频片段；

（3）记录有价值的视频评论，及时回复评论。

四、评价与反馈

请教师根据学生在此次任务中的表现进行评价。

序号	评价标准	分值	得分
1	明确工作任务	10	
2	掌握工作任务知识与技能要点	10	
3	制订工作任务计划合理可行	5	
4	有挑战方式推广	10	
	有通过评论区推广	10	
	有站内粉丝群推广	10	
	有通过微信朋友圈推广	10	
	有通过微信群推广	10	
5	完成工作任务符合要求	15	
6	复盘工作任务经验到位	10	
合计（满分 100 分）			

任务工单十四 短视频选品

学院 / 系别：________________ 专业：________________

姓　　名：________________ 学号：________________

一、接受工作任务

艾特佳电商公司运营专员小珂负责通过短视频运营，发现剪纸作品的销售已经取得了良好的开端。现在需要运用数据分析工具对市场进行深入洞察，筛选出更加符合市场需求的题材作品，让剪纸作品销量进一步提升，为公司创造更多的经济利益。

二、任务分析

利用蝉妈妈数据分析平台，在抖音上对剪纸作品题材进行筛选工作。

操作步骤	具体操作内容
抖音销量榜	1. 2. 3.
抖音热搜榜	1. 2. 3.
视频商品榜	1. 2. 3.
潜力爆品榜	1. 2. 3.
持续好货榜	1. 2. 3.

（续）

操作步骤	具体操作内容
历史同期榜	1. 2. 3.

三、任务实施

利用蝉妈妈数据分析软件，选出抖音平台短视频带货中表现优秀的剪纸作品题材的方法。

序号	步骤	操作
1	选择软件中的商品榜	
2	选择生鲜蔬果类	
3	找出销量最高的 50 个商品	
4	找出与自己商品匹配的产品	
5	对其短视频脚本进行拆解	

四、评价与反馈

请教师根据学生在此次任务中的表现进行评价。

序号	评价标准	分值	得分
1	明确工作任务	10	
2	掌握工作任务知识与技能要点	10	
3	制订工作任务计划合理可行	5	
4	选品步骤正确	25	
	选品结果合理	25	
5	完成工作任务符合要求	10	
6	复盘工作任务经验到位	15	
合计（满分 100 分）			

任务工单十五　短视频数据分析

学院 / 系别：________________　专业：________________

姓　　名：________________　学号：________________

一、接受工作任务

艾特佳电商公司运营团队每次发布了剪纸艺术作品后都会关注视频数据，通过播放及互动数据判断视频是否被正常推荐，视频是否受到用户喜爱，要完成查询短视频播放量、互动数据、转化数据等，利用数据分析工具，判断视频表现。

二、任务分析

1. 短视频账号近 30 天数据采集。

30 天数据采集			分析
短视频基础数据分析	播放量		
	评论量 / 评论率		
	点赞量 / 点赞率		
	转发量 / 转发率		
	收藏量 / 收藏率		
	完播率		
抖音数据中心	总览		
	数据全景		
	作品数据		
	粉丝数据		

2. 对短视频作品进行数据解析。

序号	步骤		操作
1	基础数据分析	点赞数	
		评论数	
		转发数	
		收藏数	
2	商品数据分析	销售额最高时间段	
3	评论数据分析	评论热词	
4	观众数据分析	性别	
		年龄	
		地域	
5	视频诊断分析	视频诊断评分	
		本条视频水平	
		行业平均水平	
		达人历史水平	
6	数据对比分析	千次浏览	
		互动量	
		千浏览成交额	

三、任务实施

请同学们查看自己的视频数据，尝试用 Excel 表格记录作品的重要数据，完成以下操作：

（1）从采集的基础数据中，哪一项数据最重要？写出理由。

（2）从采集的转化数据中，哪一项数据最重要？写出理由。

（3）采集一个月的视频数据，用 Excel 生成点赞量、评论量、分享量、收藏量的折线图，并总结规律，做出诊断。

（4）写出单个短视频作品数据解析，做出诊断，并写出整改报告。

四、评价与反馈

请教师根据学生在此次任务中的表现进行评价。

<table>
<tr><th>序号</th><th>评价标准</th><th>分值</th><th>得分</th></tr>
<tr><td>1</td><td>明确工作任务</td><td>10</td><td></td></tr>
<tr><td>2</td><td>掌握工作任务知识与技能要点</td><td>10</td><td></td></tr>
<tr><td>3</td><td>制订工作任务计划合理可行</td><td>5</td><td></td></tr>
<tr><td rowspan="5">4</td><td>数据采集方法正确</td><td>5</td><td></td></tr>
<tr><td>采集数据丰富</td><td>5</td><td></td></tr>
<tr><td>生成折线图正确</td><td>5</td><td></td></tr>
<tr><td>账号诊断正确</td><td>15</td><td></td></tr>
<tr><td>单个作品数据诊断报告全面</td><td>20</td><td></td></tr>
<tr><td>5</td><td>完成工作任务符合要求</td><td>10</td><td></td></tr>
<tr><td>6</td><td>复盘工作任务经验到位</td><td>15</td><td></td></tr>
<tr><td colspan="3">合计（满分 100 分）</td><td></td></tr>
</table>